# 学会培养你的智商

于志军 主编

中国商业出版社

图书在版编目（CIP）数据

学会培养你的智商 / 于志军主编 . — 北京：中国商业出版社，2019.7

ISBN 978-7-5208-0943-6

Ⅰ . ①学… Ⅱ . ①于… Ⅲ . ①思维能力－能力培养 Ⅳ . ① B842.5

中国版本图书馆 CIP 数据核字 (2019) 第 227286 号

责任编辑：王彦

中国商业出版社出版发行
010-63180647　www.c-cbook.com
（100053　北京广安门内报国寺 1 号）
新华书店经销
天津兴湘印务有限公司印刷

\* \* \* \* \*

710 毫米 ×1000 毫米　　16 开　　12 印张　　130 千字
2020 年 6 月第 1 版　　2020 年 6 月第 1 次印刷

定价：42.00 元

\* \* \* \* \*

（如有印装质量问题可更换）

目 录

# 目 录

## 第一章　智力素质概述　　　　　　　(1)

### 内容描述　　　　　　　(3)
　　智商的含义　　　　　　　(3)
　　智力素质状况　　　　　　　(4)

### 重点透视　　　　　　　(8)
　　知识与智力的关系　　　　　　　(8)
　　智商对成才的影响　　　　　　　(15)

### 温馨提示　　　　　　　(27)
　　智力与年龄的关系　　　　　　　(27)
　　智力与性别　　　　　　　(30)

### 相关链接　　　　　　　(44)
　　先天智力与后天智力　　　　　　　(44)

## 第二章　智力的测量　　　　　　　　　　（53）

### 内容描述　　　　　　　　　　　　　　　（55）
　　智力测量概述　　　　　　　　　　　　（55）
　　智力测量的多方面作用　　　　　　　　（61）

### 重点透视　　　　　　　　　　　　　　　（64）
　　怎样进行智力测量　　　　　　　　　　（64）
　　智力测量中应该注意哪些原则性问题　　（68）

### 温馨提示　　　　　　　　　　　　　　　（74）
　　测试你的综合智商　　　　　　　　　　（74）

### 相关链接　　　　　　　　　　　　　　　（83）
　　智力、智能、智慧　　　　　　　　　　（83）

# 目 录

## 第三章 智力的培养 (87)

### 内容描述 (89)
  智力教育 (89)
  注意和注意力 (89)
  观察和观察力 (93)
  记忆和记忆力 (98)
  想象和想象力 (104)
  创造和创造力 (111)
  思维和思维力 (118)

### 重点透视 (124)
  注意力和观察力的培养 (124)
  记忆力的培养 (127)
  想象力的培养 (132)
  创造力的培养 (134)
  灵感的培养 (139)

### 温馨提示 (141)
  培养智力时应注意的问题 (141)

### 相关链接 (146)
  想象力测试 (146)

## 第四章　天才与智商　　　　　　　　　（153）

### 内容描述　　　　　　　　　　　　　（155）
　　绘画天才与智商　　　　　　　　　（155）

### 重点透视　　　　　　　　　　　　　（159）
　　客观地认识天才　　　　　　　　　（159）

### 温馨提示　　　　　　　　　　　　　（168）
　　成为天才的生理原因　　　　　　　（168）

### 相关链接　　　　　　　　　　　　　（174）
　　天才儿童成年后会怎样　　　　　　（174）

# 智力素质概述
ZHI LI SU ZHI GAI SHU

第一章　智力素质概述

## 智商的含义

智商由五个基本要素构成,它们分别是注意力、观察力、想象力、思维力和记忆力,智商是人们认识客观世界、改变世界的各种能力的总和。五个基本要素中,思维力是核心。

智商也称为智力商数,是用数值来表示智力发展水平的重要概念,智商 IQ＝智力年龄/实际年龄×100,所谓智力年龄是指一个人在智力测试所能达到的水平,如一个 5 岁的孩子在做 5 岁组儿童智力测试中能及格,在做 6 岁组智力测试中也能及格,但做 7 岁组的智力测试不能及格,那么这个孩子智力年龄为 6 岁,他的智商为 6/5×100＝120,一个孩子的智力年龄超过实际年龄越高,他的智商也越高。

智商的正常范围是 70～130,平均 100,100±15 即 85～115 属于中等,115～130 属于上等,130 以上是超常,70～85 属于中下。若一个孩子智商在 70 以下,不能轻易说他弱智,

智商的检测有很大的局限性,因为它只能检测孩子的智力当前的水平,不能检测孩子智力的潜在能力。因为孩子的发育受环境和教育的影响,在以后发展过程中会有变化。而且只能对孩子的智力做量的评估,不能做质的评估,智商仅是一个数值,不能反映儿童智力的差异,只能表明一个人的学习成绩,不能预测一个人未来的成就。有的心理学家认为人的智力应分6种,即语言智力、音乐智力、逻辑数学智力、空间关系智力、身体运动智力、自我认知智力。目前我们所运用的智力测试不能把6种智力都测出来,虽然当前测试孩子智商差一些,不能说明将来的问题。有时在测试时孩子过于紧张,影响测试结果,不能说明孩子的真实情况,孩子的智商在60～70者,必须结合孩子的社会适应能力进行分析评估,若其社会适应能力低于同龄儿童,智商在70以下,才可考虑智力发育落后,应加强教育帮助,而对智商高的孩子也不能放松教育。

## 智力素质状况

智力,对于人们来说是一个很熟悉的词语,在日常生活

## 第一章 智力素质概述

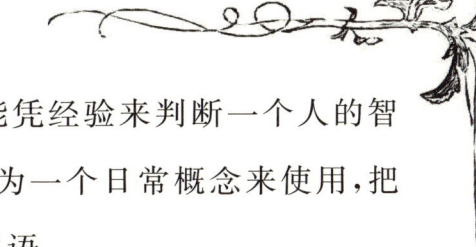

中经常听到或看到,有时我们能凭经验来判断一个人的智力高低。实际上人们把智力作为一个日常概念来使用,把智力高低当作聪敏、愚钝的同义语。

在科学范畴,智力这一概念一般是指人的一种心理特性,包括观察、记忆、思维、语言以及创造性地解决问题的能力。这种能力平时是看不到的,只有当这种心理特性表现在活动上时,才能显露出来。

事实上智力是一种潜在的,偏重于认识方面的能力,它是一种以脑的神经活动为基础偏重于认识方面的潜在能力,其核心是抽象思维力。

智力是一种潜藏的智慧能量。现代科学的很多研究成果表明,人类有的智慧潜能是无限的。就人脑的记忆储存量来讲,有人认为人脑的记忆储存量达 1012～1015 比特,比目前储存量为 107 比特的电子计算机高 10 万～1 亿倍。有的专家认为,人脑的信息储存量相当于 5 亿册书的信息。美国心理学家奥托则认为,一般人只运用了其总体智慧的 4%;也有人认为有卓越成就的一些科学家,他们所运用的智力,也不超过其全部智慧的 30%。有的心理学家指出:如果人们迫使自己运用自己潜能的一半,人们就能轻而易举地学会40～50种语言,将一部苏联大百科全书背得滚瓜烂熟,并顺利地完成十所大学的课程。美国心理学家陆哥感叹道:"我们最大的悲剧不是恐怖的地震、连年的战争,甚至不是原子弹投向日本广岛,而是千千万万的人活着然后死去,却从未意识到存在于他们自身的人类未被开发的巨大潜力。如此之多的现代人,其生活中心竟只是生活的安全、食物的充足,以及电视和卡通片的感官刺激。我等芸芸众生却不知道自己究竟是什么人,或可以成为什么人;如此之多的吾辈尚未经历足月的心理和社会的诞生,却已经衰老死亡。"

显而易见,人的智力有着非常大的开发潜力,那么对潜能的开发由什么决定呢?许多人认为遗传因素是开发智力的内因,其外因则取决于环境和教育,也就是非智力因素的利用。所以,人类对自己智力的开发也将是一个挑战性的战争。

通常来说,不同的人,智力的高低也是不同的。在日常生活中,为什么有的人思维敏捷反应灵敏,而有的人却迟钝、呆滞呢?有这样一个传说,汉高祖刘邦召集大臣议论自己能成大业的原因。有的人说那是陛下厚赏功臣的缘故;

## 第一章　智力素质概述

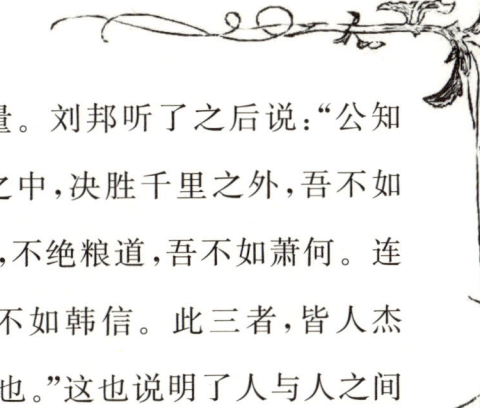

还有的人说,那是陛下功德无量。刘邦听了之后说:"公知其一,未知其二。夫运筹帷幄之中,决胜千里之外,吾不如子房。镇国家,抚百姓,给馈饷,不绝粮道,吾不如萧何。连百万之军,战必胜,攻必取,吾不如韩信。此三者,皆人杰也,吾能用之,此吾所以取天下也。"这也说明了人与人之间智力差异是客观存在的。

不只是不同的人智力有差异,就是同一个人发展的不同时期,不同能力的发展水平也是不一样的。它的表现是:有些能力发展成熟得早,有些能力则较迟。到了老年衰退程度也是不一样的。

智力发展差异产生了既有智力开发得早的"神童",又有智力开发得晚的"大器晚成",但更多地表现为中青年时期,也就是所谓的"年富力强的黄金时代",是智力发展的最佳期。而我们所谓的"神童",也就是智商IQ在130以上的超常儿童。这些智力超常的儿童在古今中外是屡见不鲜的。

大量数据资料研究表明,一个人智力发展最为完善的时期是在中青年阶段。古今中外的许许多多名人都是在这个年龄期间做出成就的。

举一个人人熟知的三国时期赤壁之战的例子,这是我国历史上以少胜多的著名战役。各方指挥将帅年龄分别是:曹操54岁,孙权、孔明均为27岁,周瑜34岁,鲁肃37岁。在国外,爱迪生20岁取得第一项发明专利权,牛顿23岁发现万有引力。

诺贝尔奖设立以来,统计表明,30岁至50岁是诺贝尔奖获得者取得成果的最佳年龄,他们占获得诺贝尔奖总人数的75%。

诺贝尔奖获得者居里夫人在31岁时就发现了镭,马司尼在21岁时就进行了第一次无线电通信实验,维恩29岁提出热辐射定律,爱因斯坦26岁提出光量子学说狭义相对论,杨振宁和李政道分别在34岁和30岁时,提出了弱相互作用下宇宙不守恒。这种例子列举不鲜。

## 重点透视

## 知识与智力的关系

有些父母对孩子进行早期教育时,认为孩子知识越多,

## 第一章　智力素质概述

智力就越高,产生这种想法是把知识看作永恒不变的真理。认为只要分数高就是聪明,而成绩差就是低能儿,所以人们就十分注重成绩而以学业考试分数高低作为评价学生的唯一尺度,人们往往避开了认识活动的主体,将知识作为一切的出发点。有许多父母从小就让孩子"读书",报了英语班、钢琴班、数学班、绘画班,为了让孩子专心学习掌握更多的知识而剥夺了他们所有的时间而去学习、背书,自己包揽了孩子所有的日常事务。在他们看来,掌握了丰富知识就会提高智力水平,促进孩子的发展。

但实际上是什么情况呢?不难发现,在我们身边有这样两种人,一种人是知识丰富却智力平平的死读书的"书虫"。他们只会死记硬背东西,但不善于触类旁通、旁征博引地解决问题、分析问题;而另一些人则比较聪明,但他们不喜欢学习,缺乏知识,成天无所事事,浪费光阴,成为无所作为的人。只有那种把知识和智力很好结合起来的人,才能使自己的知识更加丰富,智力不断发展。

有的人在学习上,每门学科都是优秀,但智力的发展可能并不突出;相反,另一些人学习成绩并不突出,但智力水平高,反应敏捷、思路开阔、想象丰富。还有的人在小学、初中时学习成绩遥遥领先,到了高中以后就远远落在别人后面了,这种现象说明,知识的掌握和智力的发展具有不同的内容和规律。

现阶段有很多参加各种考试的人,可谓无一不通,却也无一专精。有的一流大学的学生们,个个都是高才生,尤其他们对如何整理教授们的笔记及讲义,更具绝顶功夫,令人咋舌。然而,他们事实上只不过是一群缺乏创造力的盲从者而已。

多年的研究证明,知识掌握的多少是学生智力发展的必要条件。这是因为智力的发展总要以知识、技能为中介。例如,以思维力的发展来说,儿童在思考问题时,他们总是利用已获得的知识来进行分析、综合、抽象、概括、判断和推理的。离开了掌握的知识,智力发展就会成了无源之水、无本之木了。

因此,在知识与智力的关系上,要有机地把二者结合起来,使知识的掌握和智力发展水平相一致。知识比较丰富的人,在智力发展上也会较高;反之,则智力水平会低些。

一个学生从上学开始一直到升入大学不过十几年左右,若单纯以成绩来判断自己能否成才实在是不科学的做

## 第一章 智力素质概述

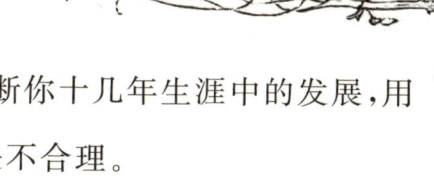

法。更何况,学习成绩不能判断你十几年生涯中的发展,用成绩评价你的智力水平实在是不合理。

科学家们早就说过,分数并不等于智力水平。现实生活中有这么几类例子:第一种是智力水平很高的人成绩却平平或者很差,这些人徒有高智力但由于个人不努力或环境的影响,终究碌碌无为;第二种是学习成绩很差的人却对人类发展做出了巨大的贡献。

英国著名政治家丘吉尔,学生时代成绩十分糟糕,在考试的时候甚至交白卷,到高中毕业竟然未能升入大学,而改考陆军军官学校。就是这样,也重考了两次,第三次才勉强过关。

他孩提时期非常顽劣,偏科的现象十分严重,因此学习成绩一直很差。他的一位老师回忆起学生时代的丘吉尔,说:"这位个子矮小、脸色红润的男孩,不但是全班首屈一指的淘气鬼,也极可能是世界第一号的捣蛋鬼。"

丘吉尔读中学时,入学测验只能勉强通过,他在英国一所历史悠久的公立学校就读,在那里的五年中,他喜欢英文并且成绩突出,尤其是作文最拿手,写出的佳作,程度高于同龄孩子之上。但他极端讨厌希腊文和拉丁文课程,常常不及格或刚及格。

丘吉尔曾经有这样一个趣事,据说当他拿出拉丁文试卷时,整张试卷上只有一个单词和一点墨水渍而已。当然这样的成绩不可取。但校长却批准他入学,他的理由是丘吉尔是财政部部长的儿子,就应该不会太差劲才对。

丘吉尔后来在回忆录中说:"老师们看我平日喜欢阅读超越年龄很深难懂的书籍,成绩却一塌糊涂,他们很难断定,我究竟是个天才,还是个智力不足的学生。"

丘吉尔后来历任英国经济部长、内政部长及国防部长,1940年担任英国首相,他的文辞优美流畅,曾以《第二次世界大战回忆录》赢得1953年诺贝尔奖。丘吉尔的故事告诉我们,学习成绩并不能让人们断定丘吉尔的智力水平。

伟大的发明家爱因斯坦在小时候学习成绩很差,以至于让人认为他是一个智力发育不全的人,他出生于一个犹太人家庭,小时候的爱因斯坦,学习说话比一般正常儿童慢了许多,直到4岁时,他父母还认为他智力不全。

他在9岁时还口齿不清,没法随心所欲地表达自己的想法,他们同班同学背地里叫他"冥想家"。爱因斯坦的班主任曾说爱因斯坦反应迟钝,人缘极差,几乎没有任何优点

## 第一章 智力素质概述

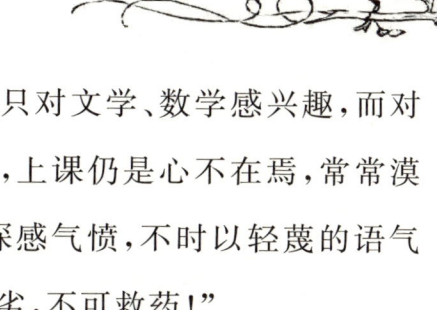

可言。升入中高级学校后,他只对文学、数学感兴趣,而对于古典语文、历史课厌恶之至,上课仍是心不在焉,常常漠然呆坐。教师们对他不用功深感气愤,不时以轻蔑的语气说:"爱因斯坦,你真是笨拙愚劣,不可救药!"

但他对数学却产生极大的兴趣,他把一些学校从未教过的高深书籍(如阿基米德、牛顿、斯宾诺莎、笛卡儿等人的理论著作)钻研透彻。发掘爱因斯坦数学方面优异禀赋的是他的叔叔,在爱因斯坦 14 岁时,他叔叔就开始给他讲有关代数、几何的理论;16 岁时爱因斯坦着眼于运动光学研究,并且在数学、物理方面充分显示出其特异的才能。

由于在光量子论方面的贡献,1921 年他荣获诺贝尔物理学奖。爱因斯坦无论遇到什么境遇,都遵循自定的两条座右铭:"没有任何规律是绝对的!""独创己见,不落窠臼!"由此可见,爱因斯坦是一个思想独立,行为完全由自己主宰的科学家。

法国的历史著名人物拿破仑,了解他的人,一定会感叹小时候拿破仑是如何的调皮,厌恶学习。他小时候非常任性,而且人人都厌恶他,他做事不计任何后果而且好胜心非常强。他经常跟年长的孩子们打架,是个名副其实的小坏

蛋，他最热衷于率领附近的一些人和外地人打群架，甚至这成了他每天例行的公事。

拿破仑对数学有着浓厚的兴趣，7岁左右的拿破仑把自己关在房内练习算术题目，并在墙上涂写，排列数字，并以此为乐。

后来拿破仑进入军官学校，他身材不高，反应迟钝程度实在令人诧异。他甚至无法将石头投到自己想要投的方向，射靶、骑马能力也不强，他的学习成绩不理想，毕业证书上写着："个性内向，不爱嬉戏却格外用功。"

然而拿破仑却有极强的自尊心并且胸怀大志，满怀野心。他参加过数次世界性的国际战役，直到日后1804年登上法国皇帝的宝座。

以上我们讲了智力不是用什么学习成绩加以衡量的。研究指出，智力是千百万年来进化演变的成果，是自然实体——大脑的功能。随着自然环境的不断变化，智力也得到不断发展。人类在蛮昧时期，大脑的功能非常低下，只能指挥人们去干一些出于本能的、低下的活动，随着人们劳动能力提高，大脑就越来越发达。恩格斯在100多年前就指出："迅速地文明完全归功于大脑，归功于脑髓的发展和活

第一章 智力素质概述

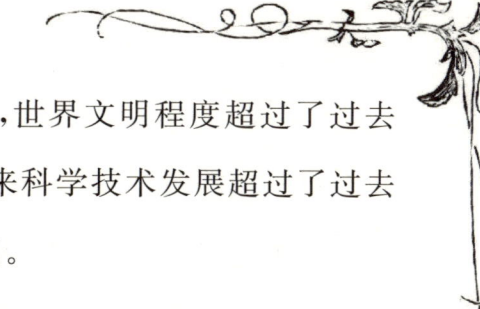

动。"事实上，100多年后的今天，世界文明程度超过了过去的任何一个时代，而且近20年来科学技术发展超过了过去几千年，而且在质上也无可比拟。

## 智商对成才的影响

事情发生在俄罗斯，有一个叫提格的孩子，具有非凡的音乐天赋。他很小的时候，就会拉手风琴。有一次，他随母亲到贵族家干活，看到屋里的墙上挂着一架手风琴，随即拿下来去拉，并且忘记了自己的处境，结果让管家当作小偷关进了监狱，不久就含恨死在狱中。

日本学者木地久的作品中介绍过这样一个孩子，他父亲在他一出生就用各种手段开发其智力并向他传授各种知识，他在3岁时就能自如地用日语写作和阅读，3岁就完成了500多字的文章。上小学刚入学那天上午9点被编入一年级，到12点母亲去接他，他已经是三年级的学生了。

8岁上中学，11岁进哈佛大学。由此看来此小孩智商颇高且非常聪明，但后来他却离家出走，在一家商店做店员，一生碌碌无为。

## 学会培养你的智商

　　而另外一些人,可能脑子不太聪明,智商也很普通,但是通过自己的努力,成为有用的人才。牛顿由于是早产儿,小时候头脑迟钝,他对读书、写字不感兴趣,又因为个性内向、沉默寡言,所以不喜欢跟同学嬉戏,常一个人孤坐冥思,同学们都瞧不起他,但是牛顿后来却成为英国著名的物理学家。他潜心研究反射望远镜,同时发现了万有引力定律,精心著作的不朽名著《自然哲学的数学原理》,奠定了近代科学的基础,是不可多得的科学家。

　　著名剧作家易卜生小时候在人们看来十分蠢笨,他的成绩是全班最差的,甚至连中学都无法毕业。他缺乏朋友,个性孤独,沉默寡言,最后却成为挪威著名的剧作家,发表了《傀儡家庭》《野鸭》等探讨社会问题的名著。

　　达尔文在小时候也被人们认为很愚蠢,并因此经常受到校长的训斥,后来达尔文在日记中写道:"不仅教师,家长也认为我是平庸无奇的儿童,在智力方面不比一般孩子高。"然而,他最终成为生物进化论的鼻祖。

　　清代著名学者阎若璩,小时候智力很低,6岁进入私塾读书时,常常一篇文章背诵很多遍还背不下来,到15岁,虽能读书但仍不解其意,然而后来由于勤奋学习,终于成为著

第一章　智力素质概述

名的考据学家。

可见一个人的成才和他的智商高低并没有十分必然的联系,那么成才与智力素质到底有没有关系呢?

一个人想要成才,只靠先天的遗传因素是远远不够的,还需要自身的不懈努力和后天的环境、教育条件,成才是以智力素质为生物前提的,同时后天非智力因素也起着决定作用。

## (一)先天遗传和成才

先天遗传是人才形成的生物前提、自然条件。没有这个条件是不行的。

比如大脑畸形的婴儿生来不具有正常的脑髓,因而就不能产生思维。由遗传所带来的解剖生理特征,特别是中枢神经系统的特征,在人才的形成中有明显的作用。

经过研究证明,人体的细胞是由 46 个染色体组成的。其中有 23 个是由父亲的精子里来的染色体拷贝,因此基因成对出现。人的生殖细胞是由减数分裂形成的,在减数分裂的第一阶段,染色体自身进行复制,同源染色体也进行配对。在这个阶段中,成对的染色体可以在数个地方断裂并交换断片(这个过程叫重新组合)。结果所形成的染色体,是同源的父本和母本染色体的嵌合物。在减数分裂的第二阶段,每个细胞一分为二,产生四个生殖细胞。在第二次分裂期间,同源染色体随机分配,所以每个生殖细胞中父本和母本的染色体互相混合。

在人体内大约 10 万个基因中有 6700 个基因同位点上是杂合的。这样的个体基因有可能产生 101017 个不同的生殖细胞。可见,不可能存在两个人在遗传方面是同一的,以前和现在没有,将来必然也不会有,这是人智力形成的生物前提。

先天愚笨的儿童,细胞的第 21 对染色体是由三个组成,比正常人多了一个染色体。还有一类染色体异常,即缺少一个 X 染色体。这种人其智力落后表现为言语能力加强,而空间知觉能力差。

## (二)环境和教育是成才的后天条件

很多实际案例告诉我们,人的先天生理素质仅仅是为完成某项活动提供了可能性。而要把这种可能性变成事实,主要靠后天的教育和实践。所以虽然有些人具有某方

## 第一章 智力素质概述

面和某种能力发展的优异素质,但是由于没有一个好的教育条件而"泯没"了。

环境与教育的作用,可以从人与人之间的智力差异分析。造成差异的原因是个人先天所具有的,能成为某种特殊才能的解剖生理特征和后天所受环境、教育的影响各不相同。一些人正是因为有着比较优异的先天生理素质,所以才能够在后天的环境和教育条件影响下,比起一般人来更加容易获得某些知识、本领和技能。反之,一个生下来就不具备一种比较优异的生理素质的人,那么他就不可能在某一科学领域中做出惊人的成绩或是特殊的贡献。

研究表明,很多科学家、文学家都属于缺乏高度发达的智力,但恰好能被宽阔的知识、坚强的意志和情感所弥补的一类人。例如爱因斯坦、爱迪生、瓦特、易卜生、托尔斯泰等。

马克思和恩格斯认为:"像拉斐尔这样的个人是否顺利地发展他的天才,这完全取决于需要,而这种需要又决定于分工及由分工产生的人们所受教育的条件。"这里指出了后天教育的作用。后来恩格斯又说:"人的智力是按照人们如何学会改变自然界而发展的。"

因此，很容易看到一个人智力水平的高低，除了先天条件外，还和后天的环境与教育条件有关。否则就会埋没人才。鲁迅先生说得好，纵有成千成百的天才，也因为没有泥土，不能发达，就像一碟子绿豆芽。

因此要想成才，就要创造良好的成才的土壤及环境以及精密良好的教育系统。

在我国，唐朝已经有了官学、县学、私学等，统治阶级对教育投入了大量的精力。然而由于封建社会教育基本政策是"养士"和"愚民"，宣扬"劳心者治人，劳力者治于人"的脑体分离观点，崇尚书本，呆读死记、强迫记忆，虽然也创造了民族灿烂文化，造就了许多思想家、科学家、发明家、政治家、文学家和艺术家，但也埋没和扼杀了许多有较高天赋但受到压制的人才。正如顾炎武当时所述"八股之害等于焚书，而败坏人才有甚于咸阳之郊"。秦朝的"焚书坑儒"也阻碍了人才的发展。

西方一部分教育家也承认在智力上的差异并重视智力教育，将智力教育作为教育的主要目的。苏格拉底说他不仅传授知识，也要让学生发展其能力。有的人还说："儿童在学校所学的特殊知识与技术很快就会忘记，但是解决问

## 第一章 智力素质概述

题的能力与习惯,则是教育上所应完成和长久不消逝的成果。"

夸美纽斯认为儿童应该尽可能地从对周围的事物的观察来获得知识。

瑞士著名教育家裴斯泰洛齐认为,教师的主要任务在于激发和支持儿童本身的智力活动,发展、巩固和提高儿童的智力。

总之,古今中外的人们都在进行着这样的活动,怎样才能使儿童的智力在先天素质基础上,得到健全发展,从而为国家、社会培养各种各样有用的人才,使每个人的聪明才智得到充分发挥。

以前我们说过智力具有先天遗传性,所以后天条件的教育要在先天智力素质的前提下进行,这样有利于后天智力的稳步发展。后天教育或环境影响一定要符合儿童的心理发展,为儿童所领会、所掌握。只有在不断领会、掌握和量变、质变的基础上,形成一种内在的动力才能促进儿童智力的发展。

大家都熟知孟子的母亲教育孟子的故事,孟子从小聪明过人,教什么会什么,孟母为了让孟子能够成才,也曾费

尽周折。起先孟子居住的地方是个农村,当时办丧事的各种礼节特别隆重,而这些都深深刻在小孟子的心里,孟子常常带领村子里的小孩模拟各种丧事,孟子扮演祭祀的人,他惟妙惟肖的表演常常令在远处观望的孟母感叹,孟子的活动和注意力在办丧事上。孟母心里非常着急,再这样下去势必影响小孟子的发展,这孩子灵性很强,必须到一个环境好的地方去居住。于是他们搬到了市区,在市区里常常有各种吵闹声,有小贩的叫卖声、吆喝声,机灵的孟子很快就学会了叫卖,并且学得非常逼真,孟母只好再次搬家!后来居住的地方挨着杀猪的地方,在耳濡目染中,聪明的孟子学到了杀猪的本领,并且把一只死小猪进行了解剖。后来孟母根据孟子学什么会什么,受环境影响很快的特点,决定搬到私塾附近,最后孟子的兴趣转移到学习上并且十分用功。孟母这种方法正是在先天素质基础上,为孟子创造了一条适合其个性及才能发展的坦途。

教育的目的就在于尽快发展智力,而现今的教育制度却削平了学生独特的个性,慢慢摘除天才的嫩芽,培养出来的只是一批批毫无个性、盲从附和的人。某位教授曾说:"教育的本质,原本是发掘一个人的才能,使之开花结果。

## 第一章　智力素质概述

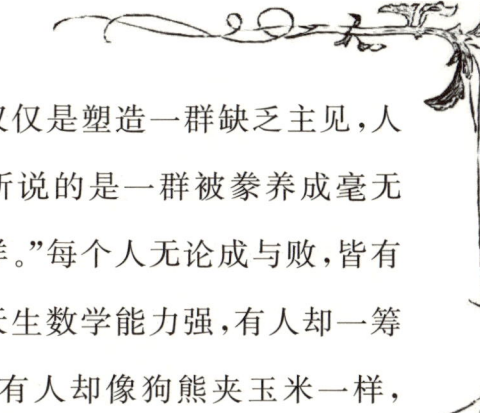

而仅观今日的教育措施,似乎仅仅是塑造一群缺乏主见,人云亦云的'正常人',就像尼采所说的是一群被豢养成毫无才能,徒具小聪明的平凡人一样。"每个人无论成与败,皆有与生俱来的特性及天赋:有人天生数学能力强,有人却一筹莫展;有人英文背得滚瓜烂熟,有人却像狗熊夹玉米一样,记一段,忘一段,终身没有收获。

而"唯有探索过个人内心世界的人,才能度过真实的人生,获得真正的幸福"。所以,在教育过程中一定要使教学效果转换成学生心理发展的内在动力,才能不断地提高学生的智力水平,促进其成才。

所以当今父母一定不要因望子成龙、望女成凤心切而企图塑万事通的天才人物,否则说不定会使孩子变成盲从者之流的平凡人。要根据孩子的心理特征、兴趣、爱好从旁指导、协助自己的孩子,让他们依据自己的意愿,发挥特殊才能。

意大利文艺复兴时期的杰出艺术家米开朗琪罗,从小喜欢绘画,对艺术充满了浓厚的兴趣,而他的父亲是一个警务署署长,平日里极力劝导他的五个儿子将来进入实业界当银行家。而米开朗琪罗总是坚持己见要做一名艺术家,他的父亲希望通过体罚来使米开朗琪罗自动放弃做艺术家的梦想,但终究只是徒劳。他父亲当时恼怒极了,愤怒地把他赶到乡下去住。

在那儿,米开朗琪罗住在一个石匠家里,由那儿的妇女照顾。米开朗琪罗后来曾回忆说:"我在工作房里沉浸在小木槌及凿子的高度热情中。"他喜欢随手涂画,以至于在墙上涂了些千奇百怪的图画。父亲被他的这种高度热情感化了,最后只得让步,送他到佛罗伦萨著名画家吉尔兰达尤的门下学画,那时米开朗琪罗年仅13岁。

吉尔兰达尤拿来一份底画让米开朗琪罗临摹,令人瞠目结舌的是,他依葫芦画瓢的临摹画居然比原画传神许多,吉尔兰达尤从此对年幼的米开朗琪罗产生嫉妒心理。

第二年,米开朗琪罗跟从大雕刻家贝托多学习。此时他受到当时一位公爵的青睐并被收留在他的城堡中。这样以后,米开朗琪罗有机会接触许多有名气的艺术家,同时在各种各样的美术文学书籍中得到启迪。

在他17岁时,发表了雕塑作品《圣德尔战争》《沉睡的丘比特》。

在他60岁时创作的壁画《最后的审判》,以及巨幅天顶

# 第一章 智力素质概述

画《开天辟地》《人类的堕落》及《诺亚献祭》合成匠心独具的三部曲《创世纪》。

米开朗琪罗的一生以相当坚毅的决心从事艺术创作,被世界誉为艺术殿堂的艺术家。

米开朗琪罗正因为其坚持自己热爱的艺术而违抗父亲的意愿,才成为伟大的艺术家。因此,父母及学校教育不能不考虑被教育者的内心动力而强制他们。这里还有一个例子:奥地利杰出作曲家舒伯特从小酷爱音乐,11岁就获准直升维也纳皇家音乐学院。然而他的父亲只希望他能继承自己的家业,成为一名小学校长。他不肯让舒伯特在音乐方面有所发展,而且还生怕舒伯特过于热心音乐而荒废了学业。各门课程中舒伯特最讨厌的就是数学,因而他父亲常常担心他将来如何当好一名校长,于是百般阻挠及斥责舒伯特接触音乐,每当儿子表明要学音乐时,父亲就既惶恐又愤怒,最后把他赶出家门。

舒伯特在13岁时就开始创作,18岁时就谱出《魔王》《野玫瑰》等旷世名曲。

舒伯特一生是短暂的,只有31岁,然而却留下了一千多首杰出作品。

伽利略是杰出的物理学家及天文学家,被誉为"现代自然科学之父"。他发现了"钟摆等时性",并发明了"比重器"。他还自制了望远镜,发现了木星的卫星及太阳的黑子,证明了哥白尼"地动说"的正确性,是一个硕果累累的科学家。

伽利略小的时候很笨,经常异想天开,喜欢听各种各样的声音,喜欢看星星。他从不轻易接受别人的说教,只是亲身体验所有的事物,平时经常自行装卸各种机器和工具而忘了睡觉。

伽利略特别喜欢数学,并且想精研数学,但他的父亲认为光靠数学无法维持生计,所以期望他成为一名医生,把他送到了比萨大学专攻医学。

传说伽利略在发现"钟摆等时性原理"是在大学选修的亚里士多德自然课期间,后来伽利略19岁时才专攻数学,并且走上了反亚里士多德学说(这在当时是违反常理之举)之途。在四面八方的迫害下,伽利略仍然积极从事探究真理的工作。

第一章 智力素质概述

温馨提示

## 智力与年龄的关系

对人的智力和年龄的研究,主要采用横断法和纵向法两种方法。横断法研究认为,智力发展随年龄而变化。每个人都会有这样一个时期,这时他的记忆力和理解力处于最佳状态,不仅有丰富的知识经验,同时又有一定的专业才能;不仅有驾驭大量材料的能力,同时又有敢想敢为的创造精神。关于这个"最佳年龄",有人认为在 26 岁,有人认为在 35 岁,有人认为在 20～34 岁。

著名心理学家布卢姆从上千个个体研究中得出结论:如果以一个人的智力到 17 岁为 100% 的话,那么从婴儿到 4 岁时就获得 50%,4～8 岁获得 30%,而最后的 20% 是在 8～17 岁时获得的。瑟斯顿曾研究了知觉速度、推理能力、语词理解、语言流畅等智力因素。发现各种智力因素的发展有先有后,有的较早,有的较迟。如果假定智力最高分为 100,则 12 岁时知觉速度已达到 80%,14 岁时推理能力达

到80％,18岁时语词理解能力达到80％。D.韦克斯勒的研究发现,智力发展的总趋势是在20岁之前不断上升,35岁后逐渐下降,60岁以后则急剧下降。当然,这里具有明显的个体差异。

我国的一项研究证明,一个人在25～45岁,由于智力发展而做出贡献的可能性较大,37岁左右可能性为最大,而50岁以上或20岁以下,做出贡献的可能性便大大减少了。

必须指出的是,智力发展是一个很复杂的问题。心理学研究表明,速度敏捷和短时记忆的能力一般在20～30岁时达到顶峰。常识、理解、概括和推理等能力则往往随着年龄而增长。年龄超过50岁的人,在知觉速度和机械记忆上可能不如年轻人,但由于知识丰富、阅历递增,因此在理解、概括和判断等能力上可能超过年轻人。如果不考虑这些因素,武断地判断谁的智力怎么样,这是不全面的,也是不符合事实的。

智力的发展与年龄的关系并不是绝对的。有些智力的发展并不是年龄本身带来的变化。比如,受教育少的人,其智力测验分数肯定低于受教育多的人。现在60岁的人,若

## 第一章　智力素质概述

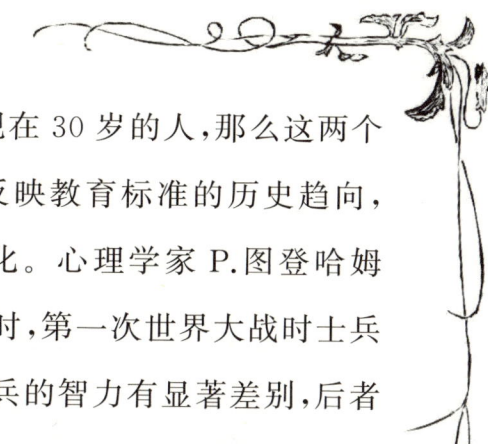

他们在年轻时所受的教育少于现在30岁的人，那么这两个年龄组所测得的智力差异只能反映教育标准的历史趋向，并不能反映年龄本身带来的变化。心理学家P.图登哈姆的研究表明，在相同年龄组测验时，第一次世界大战时士兵的智力，与第二次世界大战时士兵的智力有显著差别，后者得分更高，这表明教育标准的普遍差别，而不是绝对的年龄差别，是导致智力发展和智力差异的因素之一。

纵向法研究是指对相同被试的人定期进行追踪的研究，回避了教育水平和随年龄而变化的智力发展之间的混淆。国外有一项研究：从近2万人中经过分层取样，选出500名被试者，从20岁到70岁，分为10组，每组男女各25人，纵距为5岁，进行第一次测验。时隔7年后，用同样测验材料再次对原有被试者测验。结果发现，当把前后两次测验成绩做比较时，平均分数不是下降，而是提高。比如，语词理解能力、空间知觉能力、推理能力、计数能力等，随年龄逐渐上升，一般都是在55岁或60岁以后才开始下降，而且下降速度甚慢，既不像横断法研究那样智力到了30岁以后便下降，也不像横断法研究那样显示急剧下降趋势。

# 智力与性别

## (一)性别与学习成绩

学习是如何定义的呢?广义上来说,学习是指由经验或练习引起的个体在能力或倾向方面的相对持久的变化。研究表明,在配对联想、辨别学习、偶然学习、模仿学习等方面两性差异不大,但也有个别研究认为存在性别差异。布洛沃曼研究发现,女性眼睑条件反射形成比男性快,这可能与女性焦虑性程度较高有关,在排除焦虑的隐蔽条件反射中,女性的优势就消失了。在14岁联想研究中,只有H.斯蒂文森对12~14岁的学生的研究发现,在高智商的学生中,女生反应刺激时抽象形式的联想成绩高于男生。有的研究认为:8~9岁的女孩对概念识别和对正误的暗示分辨优于男孩,而9岁的男孩对声音的辨别优于女孩。对偶然学习的研究发现,回忆银幕上无关刺激时,女孩优于男孩。模仿学习的性别差异与模仿的内容、性质有关,女性倾向于模仿他人的着装打扮,男性倾向于模仿攻击性行为。

第一章 智力素质概述

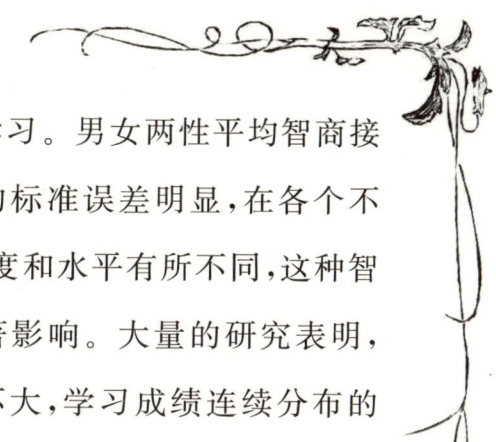

狭义上的学习是指学生的学习。男女两性平均智商接近,女性智商分布较均匀,男性的标准误差明显,在各个不同的年龄阶段,男女智力发展速度和水平有所不同,这种智力的性别差异对学习成绩有显著影响。大量的研究表明,学习测验的平均成绩男女差异不大,学习成绩连续分布的两端男生明显高于女生,也就是说,女生成绩分布较均匀,而男生成绩优、劣者都超过女生。我国一项近2000人的样本调查发现,初、高中男女学生平均成绩中,语文和英语学科女生始终领先,数学和物理学科男生优于女生;随年级升高差距扩大,各门学科成绩最低分者多为男生。对1049名中小学生进行学习能力测验的结果表明,男生能力测验成绩高于女生,但学科考试成绩却低于女生,说明学科成绩与学习能力的关系男生不如女生密切,男生的学习潜能大于女生。

引起男女两性学习差异的主要因素有:

女性发育比男性要早1~2年,脑的成熟也相对较早,智力发展处于领先地位,使女孩在小学阶段学习比男孩好。男女两性脑的优势发展差异对学习成绩有比较明显的影响,右脑发展的优势使男生的空间知觉能力、数学能力较强,自然科学成绩优于女生;左脑发展的优势使女生的言语表达能力较强,语文和外语成绩优于男生。

对学科的兴趣爱好程度一般与学习成绩成正比。我国对万名在校学生学习兴趣测验研究发现,学科爱好的两性差异从小学四年级开始出现,对语文、外语的爱好,女生人数一直超过男生;对数学、物理的爱好,男生超过女生。对学科产生兴趣的原因,男女之间也有明显差异,男生较重视理性因素(课程重要、成绩好等),女生较重视情感因素(老师教得好,对自己较关心等)。

男女认知方式是不同的。女生阅读和语言表达能力较强,擅长机械记忆、形象思维和模仿,主要靠从书本和教师讲课中获得知识。小学和初一,学习内容比较简单,考试时语言分量较重,记忆背诵的内容较多,对女生较为有利,学习上的暂时成功强化了女生的机械记忆,阻碍了抽象逻辑思维能力的培养和发展。初二以上,学习内容越来越复杂,难度增加,女生机械记忆优势作用下降,简单套用模式不能适应学习的要求,而男生的理解记忆、抽象逻辑思维和创造性解决实际问题的优势发挥了作用,学习成绩赶上并超过女生。

第一章 智力素质概述

人的性格差异也间接影响学习成绩。小学和初中阶段,女孩文静礼貌、细心认真、遵守纪律、按时完成作业,容易获得教师的好感,取得好成绩。但是胆小害羞使她们对一些抽象的疑难问题或需要综合分析的理论概念,虽一时难以理解又不好大胆提问、及时纠正错误,造成某些知识基础不扎实,影响了以后的学习;对学习中的失败常归因于自身不够聪明,又使她们对难度较大的学习缺乏自信心。男孩由于脑的成熟相对较晚,活泼好动,粗心大意,主动努力程度不如女孩,学习潜能没有充分发挥。E.莫里林对一群低于应有成绩的五年级男生进行个性测验,发现他们的测验成绩比原先期望的高。表明他们实际上是在学习,只是不愿或不能取得教师期望的分数。到高中和大学以后,男性的好胜心、独立性和挑战性使他们在更为困难的学习中充分发挥各方面的优势而取得比女性更多的成功。

## (二)性别与心理

当一个人刚出生作为一名婴儿存在时,只有生物学的性别差异,没有心理行为的性别差异。最初的差异表现为性别偏好,大约在出生后第二年,男女孩子开始出现对游戏活动和玩具的不同兴趣。

4岁左右有了较明显的稳定的偏性选择,男孩爱好活动量大的身体运动类的游戏和汽车、建筑材料等玩具;女孩则愿意参加坐着的游戏,扮演家庭成员角色,喜爱与这些游戏有关的玩具。4～6岁的孩子开始表现出性别定型行为,随着年龄增长,男孩的性别定型发展比女孩更迅速、完善和巩固,而女孩常表现出跨性别的兴趣,从事跨性别的活动,直到成年以后。

大量研究证明,心理的发展速度和发展水平在两性之间并不是完全一致的,从出生到青春发育期,女性心理发展占优势;青年发育期开始,男女心理发展总体上趋于平衡,但心理发展的性别特征和性别差异是明显的。到目前为止,男女两性在言语发展、空间知觉、数学能力、行为的攻击性这四个方面的差异已基本得到确认;在社会化、受暗示性、自信心、解决问题的方式、对成就的趋向等方面存在着差异,但证据还不够充分;在触觉感受性、恐惧与忧虑、主动性、竞争性、支配性、顺从性和关心他人品质等方面是否存在差异还不能确定。

第一章 智力素质概述

心理的性别差异主要表现在：

认知方面的差异。研究说明从 13 岁开始，男性空间知觉能力明显优于女性。8~9 岁男孩在看图计算方块、辨别方向等包含空间能力的测验中就表现出显著的优势；在拼板、走迷宫等测验中，男孩的速度和精确性超过女孩。有些研究认为，女性触觉、嗅觉、痛觉的感受性同于男性，知觉速度较快，对声音的辨别、定位及颜色色调的知觉优于男性，而男性在接受外来信息时，发达的视觉通道能弥补其他通道的不足。男女记忆方面的优势不同，女性机械记忆力强，短时记忆广度超过男性；男性的理解记忆、长时记忆优于女性。男女的思维发展总体上是平衡的，但不同年龄阶段发展速度及水平不一致，学龄前女孩略高于男孩，差异不显著，小学到初一差异逐渐明显。初二以后，男孩思维发展速度迅速赶上并超过女孩，并出现明显的具有两性特色的思维优异发展的差异。女性倾向于形象思维和思维的艺术性，男性倾向于抽象思维或思维的抽象性。在思维力诸因素上也存在性别差异，事物观察比较能力男性优于女性；计算成绩女性优于男性。由于认知方面的性别差异，从 12 岁起男性的数学能力明显优于女性。

语言发展的差别从儿童期到青春前期,女孩言语发展一直优于男孩,在包括接受性和创造性言语任务及需要高水平言语能力的任务中,女孩得分均高于男孩。女性口头言语表达有明显的流畅性、情感性,很少有口吃等言语缺陷,男性的言语表达具有较强的逻辑性和哲理性。

## (三)性别与行为

从年龄上来说,男孩在社会性游戏中就表现出比女孩更大的身体侵犯性和言语侵犯性。男性的行为常易受情感支配,缺乏自制力而具有冲动性。

心理的性别差异是遗传的生物学因素和后天的环境、教育因素相互作用的结果。基因研究表明,男女性别是由性染色体决定的,男性染色体为 XY,女性染色体为 XX,这种遗传特性的不同是两性一切差异产生的基础。男女性腺分泌的不同激素不仅使两性大脑两半球功能的发展存在性别差异,而且对两性的气质、性格等方面产生影响。例如,男性的侵犯性、攻击性行为就与雄性激素有直接关系。环境和教育对性别差异的形成起决定性作用,因为心理的性别差异是男女两性在社会化过程中逐渐形成的现实差异,

第一章　智力素质概述

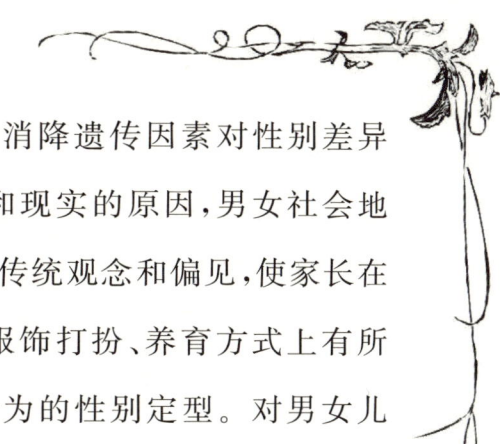

环境和教育可以扩大、缩小甚至消降遗传因素对性别差异的影响。由于社会历史的原因和现实的原因，男女社会地位的差异、家庭分工的不同以及传统观念和偏见，使家长在给男女儿童选择玩具、取名字、服饰打扮、养育方式上有所区别，影响了儿童对自己角色行为的性别定型。对男女儿童不同的教育要求，不正确的教学方法，对性别差异起了强化的作用。由于每个儿童所接受的环境和教育影响不同，男女心理发展的总体性差异并不一定在每一个个体身上表现出来，因此，提供良好的环境条件和施行科学的、正确的教育，可以使男女两性在心理发展中充分发挥各自的优势，克服劣势，促进人的全面发展。

## （四）性别与数学能力

许多研究表明，男生的数学能力要超过女生，数学能力的不同是男女在智能方面的显著差异之一。数学能力包括数学运算能力、空间想象能力和逻辑推理能力，其中最核心的是抽象概括能力。

国内外研究表明，男性数学能力优于女性。在早期数学概念的获得及小学代数能力的掌握上，男女间无显著差异。随着年龄增长和年级升高,大体从12岁起,男孩数学能力迅速发展,优于女孩的差异越来越明显。美国心理学家贝勃拉等人在1972～1979年七年间运用一系列的学科考试方式对一万名七、八年级男女学生的数学能力进行研究,经十次测验,发现男生数学成绩比女生好。每次测验得分最高的男生成绩均超过得分最高的女生,男女生之间得分最大差距达190分,尤其是数学推论智力测验成绩优异者,女生仅占2％～5％。1976年对八年级学生的一次测验,满分为800分,男生中有半数以上成绩超过600分,而女生却无一人达到600分。施米德伯格对2284名学生进行实验也证明,男性数学能力优于女性,随着难度的增高,差别增大,在心算简单问题时,男生正确率为51％,女生为49％;完善较复杂的等式时,男生正确率为52.4％,女生为46.4％;回答难度较高的数列问题时,男生正确率为65.2％,女生为34.4％。我国的一些研究也得到了类似的结论。

男生数学能力优于女生的原因是多方面的,主要有:男性右侧大脑的发展占优势,使男性具有较强的空间能力,在对几何图形的识别和类型的辨认方面明显优于女性。

第一章　智力素质概述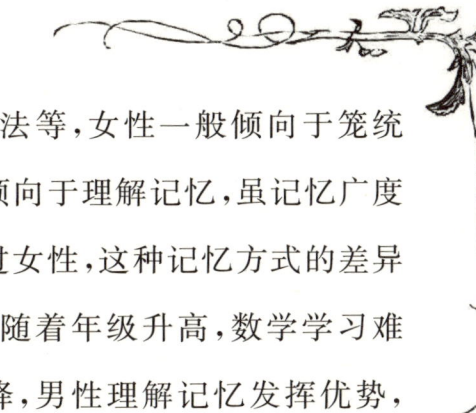

　　对数学公式、法则、解题方法等，女性一般倾向于笼统的感知和机械记忆，男性较多倾向于理解记忆，虽记忆广度不如女性，但记忆保持时间超过女性，这种记忆方式的差异对小学数学学习的影响不大。随着年级升高，数学学习难度增大，女性机械记忆作用下降，男性理解记忆发挥优势，使男女性数学能力的差距扩大。

　　男生分析综合能力较强，思维的深刻性、灵活性、批判性优于女生，解题时能注意到局部与整体的关系；而女生倾向于形象思维，解题时较多注意部分和细节，对局部与整体的联系把握较差。男生抽象概括能力的优势使他们在解决难度较大、灵活性较高的数学题时，明显优于女生。

　　初一以前，老师多采用将数学知识灌输给学生的方式，着重于解题模式的教学，女生擅长模仿，演算仔细精确，容易取得暂时的成功，使女生原有的认知方式进一步得到巩固。初二以上数学学习内容难度明显增加，对抽象逻辑思维的要求较高，女生不能适应，数学成绩下降，男生则恰好相反，学习潜能得到发挥，男女生差距逐渐增大。

　　女生从小活动范围较窄，接触的人多是教育、医务服务性行业的，社会上关于女性在数学领域成功率小的传统观念对女孩产生消极影响,使她们从小就对数学产生畏惧心理,而数学教科书中又常以汽车、机械等为例,对女孩缺少吸引力。美国心理学家朱迪等人为了证明这个观点,设计了一个实验:选择36个17~19岁数学成绩一直很差的女生,随机分为三组,每组12人,第一组平均智商109,第二组108,第三组119,其他条件相同。让她们学习高中数学课程,第一组每周再增加2节数学课,共8周,以提高她们对数学的兴趣及理解力;第二组除了与第一组同样上课外,还进行自我训练。这两组为实验组,施行精神鼓励并加以辅导;第三组为控制组,只学高中数学课程。

8周以后,第一、二组女生数学理解能力明显提高,学习兴趣增加,而第三组女生的数学能力和兴趣没有变化。但是,J.C.佛兰纳根的研究表明,即使在接受数学教学的课程数和对数学的兴趣程度相同的情况下,男生的数学成绩仍优于女生。

### (五)性别与智力测验

智力测验的结果可以明显看出男女两性的区别。智力测验亦称普通能力测验,指用测验法对智力进行测量,是目

第一章　智力素质概述

前国内外鉴别智力水平的一种主要手段。智力测验有个人智力测验、团体智力测验、特殊能力测验、学习能力检验、创造力测验等各种类型,多数以言语测验为主要内容。

心理学家采用智力测验的方法对男女两性智力差异进行了大量的研究。

例如,一批学者对伦敦10～11.5岁的8700名儿童进行有关语言的集体测验,从中选出男女儿童各500名进行斯坦福－比纳智力测验。大规模研究的结果表明,不论是集体测验还是个别测验,男女平均智商没有什么差别,但女性智商分布比较均匀,男生的标准差非常明显。怀特对14149名男孩和13493名女孩实施团体智力测验,也得出了类似的结论。日本用韦克斯勒成人智力量表对16～64岁的1682人进行研究,发现女性在20～24岁、男性在25～34岁智力达到最高点,女性智力的发展和下降都比男性早,除了20～24岁这一年龄阶段,其他年龄阶段都是男性智力测验得分高。智力测验的结果还表明,男女两性在智力的各因素方面表现出不同的优势,女性在语言表达、短时记忆方面优于男性。而男性在空间知觉分析综合能力、数学能力方面优于女性。

智力测验作为分析智力水平的一种工具,智力量表的科学性是关键。但是,目前使用的各种智力测验量表都存在局限性:

智力量表的制定者考虑到男女特长的不同,总是尽量避免选择只对男女一方有利的内容,排除表现明显的两性差异的项目,使量表中女性占优势的项目和男性占优势的项目基本平衡。测验结果,虽然男女各有某些方面的优势,但平均总分没有差异。推孟等人在第二次修改斯坦福—比纳量表时,把所有造成两性差异的项目全部排除,测验结果,在2000多名被试者中,6～13岁的男孩比女孩平均高2分,14岁以上的男孩平均高4分。卡迈特用保留全部男女显著差异项目的修订的比纳—西蒙量表对中小学生进行测验,结果男生智商平均分为102.29,女性为96.12,差异极为显著。J.R.霍布森采用塞斯顿编制的包括数学因素、推理因素、机械记忆、空间知觉、语言流畅等内容的量表,对2000多名八、九年级学生进行测验,发现除了空间知觉男性为优,其余项目都是女性为优,得到的结论是女性智商高于男性。康拉德用韦克斯勒编制的成人智力测验量表测验的结果是,10～60岁每一年龄组的女性均优于男性。由此可见,由于采用智力测验量

## 第一章 智力素质概述

表不同,各种量表的测验项目不同,得到对男女智力差异的结论常常不一致。

智力测验是一种综合性质测验,智商得分是将各个分测验的成绩综合在一起的总体分数。但是,每一个体或群体在智力各因素方面表现的水平并不总是一致或同步的,所以,测验结果常常发现各分测验成绩与全量表智商得分之间的相关差距很大,两个表面上相等的 IQ 分数间会有非常不同的智力结构。因此,有的心理学家认为,智力测验并没有真正反映出男女智力的质与量的差异。

智商分数是经过标准化的相对分数,是以假设男女两性智力的组间差异不会大于组内差异为前提的,因此,制定智商常模时就没有男女两性各自的尺度。如果男女之间确实在智力的质与量上存在显著差异,那么,用同一个标准就不尽合理。

为了真正反映男性和女性的智力,智力测验量表中究竟应该包括哪些项目?能否独立编制适用于男性和女性的不同量表,或者同一智力测验量表分别建立男女各自的常模?这些是心理学家们正在试图解决的难题。

## 相关链接

## 先天智力与后天智力

著名的心理学家赫布曾指出,人类的智力有两种:一是先天的智力,即所谓"潜在的智力",指个体天赋的正常大脑和神经代谢作用,它是智力发展的潜在力量;二是后天的智力,即所谓"机能的智力",指在后天环境和教育影响下,先天智力成熟发展的结果。两者相比,机能的智力是比较直接地作为形成个体智力实际水平的基础。20 世纪 70 年代后期,心理学家 J.纳希进一步发展了赫布的理论。在纳希看来,先天的潜在智力可以限制后天的机能智力的发展,在类似的环境和教育经验影响下,如果潜在智力较差,会使智力的发展受到限制。同样,机能智力也可以制约潜在智力的发展,由于后天条件或方法的不同,相应的潜在智力发展的方向和方式也随之而异。一个生来神经系统受损的人,在从事抽象思维工作时就会一筹莫展,一个在良好的环境和教育条件下从事抽象思维工作的人,也可以借助勤奋努

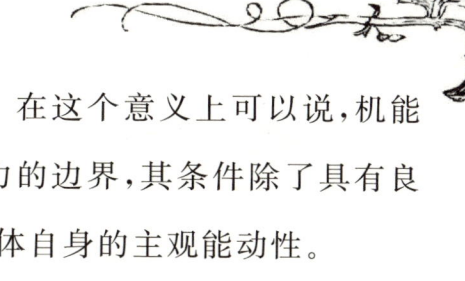

力来弥补他潜在智力的不足。在这个意义上可以说,机能智力的发展可以逾越潜在智力的边界,其条件除了具有良好的环境和教育外,还需要个体自身的主观能动性。

## (一)知识不等于智力

智力和知识是不能等同的。知识是人类社会历史经验的总结,从心理学观点来说,它以思想内容的形式为人们所掌握。人的知识可以在长期的学习和劳动中不断积累,而人的智力水平则不能完全根据他们的知识多寡来做比较。同一个团体,知识水平也许大致相同,但智力水平常常相差甚远。

智力的发展与知识的获得也不一定是一致的,主要表现为以下三种情况:

智力发展可能比知识获得要落后,即一个人的知识很丰富,但他的智力不一定很发达。

智力发展可能比知识获得要超前,即一个人的知识不一定很多,但智力水平却较高。

两者相一致,即智力水平的高低与知识水平的高低基本相一致。不过,这种一致也不是绝对的。

智力与知识是不能等同的,但两者也不是毫无关系,截然对立。关于发展智力和掌握知识这个问题,历史上曾出现过两种对立的见解。形式论主张发展智力,不重视掌握知识;实质论则主张掌握知识,不重视发展智力。现在国外的内在论派和外在论派,实际上是形式论和实质论的继续和发展。这种相互对立的派别把智力与知识也相互对立起来,形而上学地各执一端。

实际上,智力与知识有着不可分割的联系。它们之间的相互联系和相互制约体现在:掌握知识以一定的智力为前提,智力制约着掌握知识的快慢、深浅、难易和巩固程度;而知识的掌握又会提高智力水平,一个知识十分贫乏的人,他的智力是无从得到发展的。但是,两者的发展并不完全一致。在不同的人身上可能具有相等水平的知识,可他们的智力不一定是相同水平,而具有相同水平智力的人也不一定能获得相同水平的知识。

还一定要指出的是,通过掌握知识去发展潜力,或者通过发展智力去掌握知识,都不是自发地进行的。不能认为,只要知识掌握了,智力就会自然而然地得到发展。同样,也不能认为,只要智力发展了,知识就会自然而然地进入头

# 第一章 智力素质概述

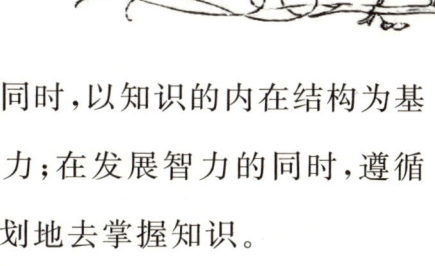

脑。相反，必须在掌握知识的同时，以知识的内在结构为基础，有目的有计划地去发展智力；在发展智力的同时，遵循智力的基本规律，有目的有计划地去掌握知识。

## （二）禀赋不等于智力

素质的提升能推进智力的发展。素质是指人类机体在解剖、生理上的特点，主要是感觉器官、神经系统的特点，尤其是大脑的特点。很多事实都表明遗传素质的重要性。优异的声带特点对于发展歌唱才能很重要，舞蹈演员的选择则十分重视腿的长度与整个身长中的比例。遗传素质除了影响这些特殊能力外，还影响作为一般能力的智力。关于遗传素质对智力的影响，心理学家多用孪生婴儿作为研究对象，因为利用孪生婴儿做研究，可以比较理想地控制实验条件。

孪生婴儿分同卵孪生（Mz）和异卵孪生（Dz）两类。同卵孪生婴儿是由一个受精卵发育而成的两个个体，他们在遗传上具有完全相同的基因型；异卵孪生婴儿是由两个单独的受精卵发育而成的，他们在遗传方面并不比普通的同胞兄弟姐妹之间更为相似。一般来说，同卵孪生婴儿具有相同的遗传基因,因此他们之间所表现的智力差异可归因于环境的作用;异卵孪生婴儿具有不同的遗传基因,他们之间所表现的智力差异可归因于遗传和环境两种因素的作用。如果两类孪生婴儿中每一对都是在一块抚养长大,则他们对内的环境条件就没有实质差别。这样,就可以把异卵孪生婴儿的对内差异量减去同卵孪生婴儿对内的差异量,得出"遗传效应"的尺度。其推导公式如下:

$$V_{DZ环} = V_{MZ环}$$

$$V_{MZ环} = V_{MA环}$$

$$V_{DZ} = V_{DZ遗} + V_{DZ环}$$

$$V_{DZ} + V_{MZ} = V_{DZ遗} + V_{DZ环} - V_{MZ环} = V_{DZ遗}$$

公式中,$V_{MZ}$是同卵孪生婴儿总的智力差异量,$V_{DZ}$是异卵孪生婴儿总的智力差异量;$V_{DZ环}$是环境引起的异卵孪生婴儿的智力差异量;$V_{MZ环}$是环境引起的同卵孪生婴儿的智力差异量;$V_{DZ遗}$是遗传引起的异卵孪生婴儿的智力差异量。我国心理学工作者曾对类似或相同环境中长大的 24 对同卵孪生婴儿(幼儿、小学生、中学生各 8 对)和 24 对异

## 第一章　智力素质概述

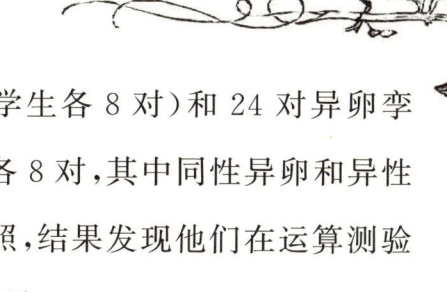

卵孪生婴儿(幼儿、小学生、中学生各 8 对)和 24 对异卵孪生婴儿(幼儿、小学生、中学生各 8 对,其中同性异卵和异性异卵各一半)进行多方面的对照,结果发现他们在运算测验能力和智力品质等方面存在差异。

遗传的作用对于运算能力发展的影响是显著的。在相似或相同的环境下,同卵孪生婴儿的相关系数为 0.89,而异卵孪生婴儿中有 0.66,其中同性异卵孪生婴儿为 0.71,异性异卵孪生婴儿为 0.61。这就是说,同卵孪生婴儿＞同性异卵孪生婴儿＞异性异卵孪生婴儿。遗传因素越近,相关系数越大。

同卵孪生的婴儿在智力品质的敏捷性、灵活性和抽象性等方面均高于异卵孪生婴儿。无疑,遗传对智力品质的影响是存在的。

那么,不同类型的孪生婴儿与普通的同胞兄弟姐妹之间在智力上有否差异呢？若有差异,也可证明遗传素质对智力的影响。1963 年,心理学家 L.F.贾维克等人总结了过去半个世纪中关于人的智力与遗传素质的许多研究结果,事实表明:一起长大的人要比分开长大的人相关系数高,父母亲自抚养的要比养父母抚养的相关系数高,同卵孪生婴儿要比异卵孪生婴儿相关系数高,异卵孪生婴儿中同性要比异性相关系数高,同卵孪生婴儿中一起长大的要比分开长大的相关系数高。

很容易看出,孪生婴儿总是比其他普通兄弟姐妹相关系数高,说明遗传对智力的影响。但是,又必须看到环境和教育的作用。假如遗传是唯一的决定因素的话,则同卵孪生婴儿的分开长大和一起长大应该具有同样的相关系数,现在有了差异,说明环境和教育在发生影响。

环境和教育会影响一个人智力的发展,这种影响主要表现在六个方面,即影响智力的方向、水平、速度、内容、品质和改造遗传素质。智力发展的方向是一个内化的过程,尽管步骤有简有繁,但内化的方向是客观的;整个内化过程是一个发展过程和成熟过程。这个过程是分阶段的,这就显示出不同的智力水平;达到某级水平的有早有迟,有快有慢,这就是智力发展的速度;不同的人,在不同范围或领域表现出不同的智力,从而组成不同的智力内容;父母的教养方式,会使儿童在敏捷性、灵活性和抽象性等智力品质上表现出差异。至于遗传素质问题,前已论及,不再赘言。

第一章　智力素质概述

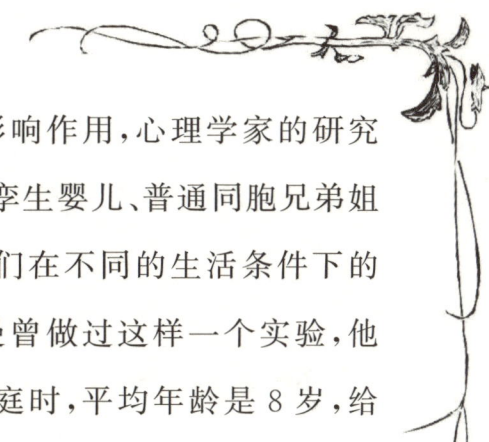

关于环境与教育对智力的影响作用,心理学家的研究主要是改变同卵孪生婴儿、异卵孪生婴儿、普通同胞兄弟姐妹之间的后天条件,前后测量他们在不同的生活条件下的智商,加以比较。例如,D.弗里曼曾做过这样一个实验,他把72名儿童送到寄养的良好家庭时,平均年龄是8岁,给予第一次智力测验平均智商为95;至15岁时,给予第二次测验,平均智商为102.5。两次测验的智商平均增加了7.5分。可见,在较优越的环境里,智力是可以得到发展的。当然,这些寄养家庭的程度也不一致。上等家庭的,智商增加10.4分;次等家庭的,智商仅增加5分。

一个心理学家做过一个实验,他在一个缺乏社交刺激的孤儿院里把孤儿分成两组:实验组平均智商为64,把他们放在有相当刺激的社会环境里;控制组平均智商为87,继续留在缺乏社交刺激的孤儿院里。结果,当他们成年时,惊人地发现,实验组成员表现出独立精神,受学校教育的平均数超过12年(中学毕业),而控制组有40%还需要他人照顾,只有一人读完中学。这个实验有两点值得注意:其一,智力发展在后天受到阻碍的人,由于良好的环境条件和适当的教育处理,可以补偿其智力损失,而且实际上有所增长;其二,原来智商较高的人(相对于实验组来说),由于缺乏良好的环境和教育条件,其智力发展显然受到了阻碍。

## 格言小语

爱惜才华吧,保护那些才华修美的人物吧!文明的民族啊,培养他们吧!

——卢梭

## 智力的测量
ZHI LI DE CE LIANG

第二章　智力的测量

## 智力测量概述

　　智力是既看不见也摸不到的,只能从一个人的言行表现去感知它。那么,能不能用一些方法来对其进行推知呢?回答是肯定的。古今中外,不少学者对这种推知做过大量的尝试,也取得了大的进展。在客观上,有的人智力水平高些,有的人智力水平低些,有的人智力的曙光出现较早,有的人则出现较晚,这说明了智力是客观存在的,既有质,也有量。桑代克曾经说过:"凡物之存在必有其数量。"麦柯尔也说过:"没有一种数量是不能测量的,也没有一种质是不能被测量的。"

　　关于智力测量,我国古代学者的著作中早就有所反映。早在2000多年前,孔子就根据自己的观察评定学生的个别差异,并将学生的个别差异(主要是智力差异)分成若干等级。他把人分成中人、中人以上、中人以下,说"唯上知与下愚不移"。战国时期的孟子有句名言:"权,然后知轻重;度,然后知长短;物皆然,心为甚。"他以为心与物皆具有可测量的特性。战国末期著名的教育文献《学记》一文中曾论述了学生随学习时间的延续,智力应达到的程度:"一年视离经辨志;三年视敬业乐群;五年视博习亲师;七年视论学取友,谓之小成。九年知类通达,强力而不返,谓之大成。"三国时代的刘劭在《人物志》一书中指出"观其感变以审常度"。意思是根据一个人的行为变化来观察推测其心理特点,他还指出"众人之察不能尽备",即在心理观察中不可能把所有行为变量都包含在内,所得到的只是在一定条件下具有代表性的行为样例,他还指出,应通过回答问题的方法来观察智力。

我国古代就已经有了九连环、七巧板、猜谜语、打灯谜等测量智力的手段和工具。如七巧板,它的创用年代早于世界上智力测验中广泛使用的任何机巧板。它又称"益智图",用开头大小不同的七块小板能组成近百种生物和实物的图样,可看作创造力测验的最早方案之一。

智力测量的源头可以追溯到很远,判断智愚的方法也有不少。但是用科学的方法把测量编制成量表来测量个人的智力,是从法国心理学家比纳开始的。美国心理学家宾特纳曾指出:"在心理学史上,我们不得不称比纳为智力测量的鼻祖。"

# 第二章 智力的测量

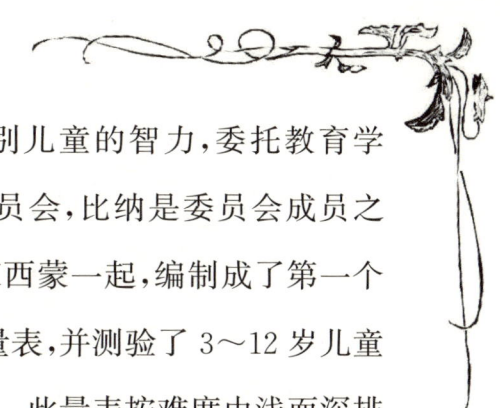

1904年，法国教育部为了鉴别儿童的智力，委托教育学家、心理学家、医学家组成一个委员会，比纳是委员会成员之一。1905年，他与另一位心理学家西蒙一起，编制成了第一个智力测验方案，包括30个项目的量表，并测验了3～12岁儿童的智力，被称为"比纳－西蒙量表"。此量表按难度由浅而深排列，以通过题数的多少（被测者能回答出多少）为测查智力高低的标准。使用这一量表能查明一个孩子是否有足够的智力完成同年龄儿童能完成的课题。一个儿童不能完成这些题目到一定程度，被视为智力落后；而一个儿童超额完成题目到某种程度，被视为智力超常。该测验主要是判断、理解和推理能力，虽有感知觉方面的内容，但言事部分所占比重过大。1908年，他们作了第一次修订，增加为58个项目。而且按年龄分组，几个项目编成一组作为测量某一年龄段的测验题目，适用范围为3～13岁。该量表还使用了"智力年龄"这一概念。1911年，他们又编制了第三个量表，与1908年的相比变化不大，在每个年龄组的测验项目上略有增删，另外增设了一个成人组。

"比纳－西蒙量表"在法国出现后，很快引起了各国的注意，并迅速传到世界各国。在美国，首先由戈达德将其译成英语，并于1908年应用于美国儿童。1916年美国斯坦福大学的心理学家推孟把此量表结合美国实际加以修订,在美国大量人口中抽样,测验儿童、成人2000余人,修订成适合美国儿童的智力测量表,被称为"斯坦福－比纳量表"。这个量表被广泛使用,直到今天仍是有影响的量表之一。该量表于1937年、1960年、1968年、1972年几次做了修订,最大特征是改变了原来的智力年龄概念,以智力商数(简称智商,用IQ表示)来表示智力。

自"斯坦福－比纳量表"运用比率智商之后,按智商来判定智力高低的观念,已广为人们所接受。然而这一办法有其很大的局限性,因为人的智力随年龄逐渐增长,其发展速度是不一样的,基本上是呈现先快后慢的格局。因此,智力年龄与实际年龄之间不可能一直保持固定的比值。智力到一定年龄,就有停止发展的趋势。一般认为,少年在16岁左右就出现智力年龄不随实际年龄增长的现象。如果继续用比率智商来测查一个人的智力水平,求得的智商就会下降。为了解决这一不合理问题,美国心理学家韦克斯勒从1934年开始自编智力量表,并首创"离差智商",用它来代替比率智商。其原理为:以每个年龄阶段内全体人的智力分布为常态分配,将个人分数在其年龄组分布中离平均

## 第二章 智力的测量

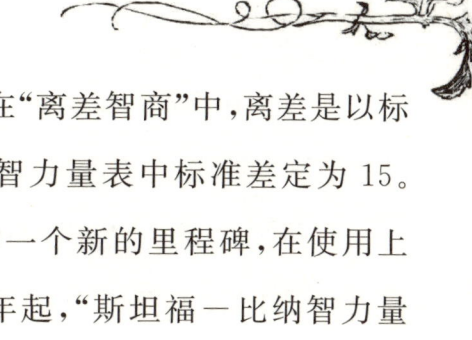

数的距离,用标准差来表示。在"离差智商"中,离差是以标准差为单位计算的,韦克斯勒智力量表中标准差定为15。离差智商的提出是智力测量中一个新的里程碑,在使用上优于比率智商,因此,从1960年起,"斯坦福－比纳智力量表"也开始采用离差智商。

由于传统意义中的智力测量自身适用范围特别窄,一直局限在语文量表的形式上,因此,传统的文字智力测验的功用就引起了人们的怀疑,所以不少心理学家试图扩大智力测量的项目范围,以其扩大非语文量表,把社会适应能力、身体运作能力等也视为智力。在此前提下,出现了不少新的智力测验量表。较为重要的有:

1979年,心理学家麦塞尔编制了"不同文化水准智力评鉴表",适用于5～11岁儿童。这一量表是以1974年韦克斯勒儿童智力量表形式编制的,在内容上增加了身体功能、社会适应等内容,从而扩大了原来的智商概念;在身体功能方面,包括测量视力、听力、肢体灵活度等;在社会适应方面,包括被测者对生活的安排、同学(同事)的关系、处事能力等。

心理学家考夫曼等在1983年编制的"考夫曼儿童智力综

合测验",适用于2~12岁儿童,在内容上以非文字量表为主,以文字量表为辅,主要测量被试者对环境刺激的反应能力。

目前为止,新的智力测验量表仍在不断出现,同时,对智力测量的重视程度也在不断提高。几乎全世界所有国家,都有人在努力从事这项有意义和价值的研究工作。

正是在心理学家对智力问题的理论探讨的基础上,开展了研究团体田径水平差异的智力测量,也就是进入了实际的应用。而智力测量的实施又促进了有关智力的本质和性质及智力发展理论的探讨和研究,可谓相得益彰。

实际的情况是,任何负责的家长都十分关心孩子的智力是否正常,任何负责的教师都十分关心学生的智力发展状况,而每一个人也都愿意了解自己的智力发展水平。因此,智力测量自然而然成为人们喜欢使用的一种手段和工具。它的使用范围很广,实用价值很高,生命力很强,市场很广阔,前景也很远大。

事实也证明,各种类型的智力测量在测定学生的学习能力、评定教学质量、诊断患者、选拔各种专门人才等方面都有一定的意义和作用。

第二章 智力的测量

# 智力测量的多方面作用

## (一)智力测量在学校中的作用

要想有成功的教育,就必须重视智力测量,智力测量在用于学校教育上解决学生的个别差异问题时,一直被视为一种重要的工具。就我国而言,教育中要贯彻因材施教的原则,就必须了解每个学生的智力,因此测定学生的学习能力就成了亟待解决的问题。学生的学习能力与学业成绩有很大关系,低智者的学习能力与适应能力都很差,难以理解正常儿童能理解的教材和问题。超常儿童学习又快又好,往往吃不饱,因此须加以特殊照顾。智力测量可以用于鉴别学生智力水平的高低,便于教师因材施教。

智力测量能了解学生们一般能力的分布情况,便于采取适合于他们大多数人的水平的教学内容和教学方式。同时,测量的结果可用来分析某一学生的欠缺在什么地方,困难出在哪里,是智力不足还是自身努力不够,这有利于教师全面了解学生,更好地使用因材施教的方法。我国心理学家张春兴先生在《教育心理学》一书中谈到,智力测量从学校教育的观点看,最大的功用有二:其一是用于鉴别学生智力上的差异,以供实施分组教学的参考;其二是用于预测学生未来的教育发展,以供学校对学生实施个别辅导的依据。作为选拔特殊人才的依据,此评价中肯、可信。

## (二)智力测量在医学中的作用

智力测量可以帮助医生鉴别精神病、脑发育不全等疾病。有些轻度的精神病人与正常人不易区分,可借助智力测量加以区分,并评定其精神障碍程度。智能缺陷者主要是智力低下和社会顺应能力不佳,主要出现在发育阶段。我国目前少数地区智能缺陷比较严重的患者约占人口的3%,个别地区甚至达到10%以上。通过智力测量,可做出准确的判断,对尽早防患于未然或采取特殊教育有很大的作用。目前,世界上很多国家都制定了各种测量方法,诊断智力落后及缺陷病症,并鉴定其治疗效果。中国科学院心理所为鉴定脑发育不全儿童的疗效,也制定了一些指标,从五个方面(即大运动、精细动作、生活自理程度、语言及计数能力)来测查患者,借此考查脑发育不全的程度及其治疗中

第二章 智力的测量

的变化。

## (三)智力测量在人才应用上的作用

科学技术日新月异的同时,对各类工作人员操作的准确性提出了更高的要求。完成各项专门工作,必须具备与之相适应的正常智力,还需要不同工种所要求的特殊能力。比如,飞行员的选拔问题,采用飞行能力测验可极大地提高训练效率从而降低淘汰率。这种测验一般包括注意广度、视觉聪度、反应速度、动作准确度、情绪稳定性、图形识记及运算能力等单项测验。一般应用测验进行选拔的结果,淘汰率大约从三分之二下降到三分之一。智力测验还可运用于军事上。第一次世界大战时,美国以智力测验手段来编制部队,按测验结果分配军人从事合适的军事工作。同时还鉴定新兵们适合担任何种军职、接受何种训练效果最明显。现代化生产需要具有各种特殊才能的人,目前欧美及日本一些大企业,在招工和职业训练中,也广泛使用测验的方法,按测验的结果再加以训练,随后让其从事合适的工作,发挥一技之长。

智力测验的意义及其应用是很明显的,但是智力测验同其他测验一样,也有其局限性,它绝非万能工具。有时候它无法全面正确地反映一个人的智力水平。因此,企图通过一次智力测验决定被试者的命运的想法是不切实际的。由于量表的题目有限,环境、教育、训练等因素对智力测验结果影响很大,因此,过分强调测验的结果,将其作为评价一个人的智力水平和能力高低的唯一标准,是不可取的,它只能在一定条件下作为相对衡量的指标之一。它有赖于其他方法,如观察法和实验法相配合。当然,把智力测量一概斥之为"资产阶级的一套"或"伪科学",这种态度更不可取。它还有待于发展,有待于完善。我们相信它一定会成为一种帮助人们鉴别人的智力的行之有效的方法。

## 重点透视

## 怎样进行智力测量

　　智力测量有什么途径呢?人的智力是通过活动和行为表现出来的,因此可以通过人的活动和行为表现来测量人的智力。要测量人的智力,可以采用多种方法,比如谈话

第二章 智力的测量

法、观察法、实验法、个案法、活动产品分析法、测验法等。

## (一)运用谈话法测量

为了了解一个人的智力水平,可以运用谈话法来达到目的,当然,这种方法不太准确。孔子对其弟子的智力分类主要就是采用这一方法。专家们一致认为,采用谈话法时,要有明确的计划和步骤,提出的问题应难易适度,适合被试者的水平和年龄及理解程度。内容要确切恰当,简单具体。在面对面的交谈中,尽量创造一种自由的气氛,不要搞得过于紧张,影响被试者水平的正常发挥。要及时做好记录,用录像或录音记录更方便、可靠。

## (二)运用观察法测量

观察法是通过观察被试人的行为举止、语言方式来了解其智力水平。

例如,通过观察一个人的谈话中的语言水平,来了解其语言表达能力及掌握词汇的水平;通过观察一个人动作的灵活、机敏程度,来了解其动作能力的发展水平。观察可有目的有步骤地进行,尽量使被观察者处于自然状态。长期而系统的观察能大体确定一个人的智力水平。

### (三)运用实验法测量

与前几种测量方法对比来说,实验法能以比较准确的数字来表示一个人的智力发展水平。有关这方面的研究从19世纪上半叶就已经开始,到目前已发展到相当高的水平。通过实验,可测定一个人的感知水平和反应速度;可测定一个人注意的广度、转移和分配的快慢及难易程度;可测定一个人的记忆水平,包括记忆的连续性、准确性、持久性等;可测定一个人的想象力水平;可测定一个人的思维力,判断其分析综合水平、抽象概括水平和比较分类水平以及判断推理的水平;可测定一个人的运动能力,测定出一个人动作的准确性、速度及稳定性。

### (四)运用个别案例法测量

个别案例法是一种比较持久而系统地研究一个人智力形成、发展、变化及其特点的方法,也简称为个案法。世界著名心理学家皮亚杰关于智力发展四个阶段的理论,在很大程度上是通过对其孩子长期的个案研究而得出的。我国

第二章 智力的测量

心理学家陈鹤琴,也是通过对其第一个孩子 800 多天系统的观察研究而于 1925 年写成了《儿童心理之研究》,具体分析了孩子的动作发展、言语发展等问题。

## (五)运用活动产品分析法测量

这种方法是诸多测量方法中比较常用的,因为活动产品是一个人智力活动的产物,它从一个方面比较真实地反映出一个人的智力水平。比如通过分析中小学生的作文、日记、作业等,可大致了解其观察力、想象力、语言表达力和分析解决问题的能力。成年人的劳动产品更能反映出其智力水平,如一篇高质量的学术论文,一部富有独到见解的专著,一项科学技术上的发明和更新等。音乐作品、美术作品等也都可以作为测量其智力水平的依据。

## (六)最准确的测量方法——测验法

测验法是 IQ 测量中最有效且准确的一种方法,因而应用也最广泛。智力测验是通过测验的方法来衡量人的智力水平高低的一种科学方法。由于智力是由多种智力因素构成的,因此智力测验又称"普通能力测验"。编制这类测验,是为了综合评定一个人的智力水平,故多采用一些概括性测验。通常一种测验只提出一种分数,或者至多提出属于心智功能的几种分数,而智力测验涉及各种心理测验法,因而也是最有影响的一种智力测量的方法。

## 智力测量中应该注意哪些原则性问题

智力测量同其他测量一样,存在着精密度和准确度问题,它是衡量人的智力及其发展水平的工具。如同天平、尺子的精确度会直接影响到测量结果的准确度一样,智力测验方案设计的情况也关系到能否真实、准确、有效地测查出一个人的智力水平。

### (一)测验题目应该如何编制

智力测量会有相应的测验题目。所编的题目必须属于智力范围,尽量避免一般知识的机能的影响。因为智力测验是为了测量智力,而不是为了测定知识和技能,所以,所编题目只能属于智力的范畴。尽管人的智力是通过掌握、运用知识技能所表现出来的,受到一定知识、经验的影响,

## 第二章 智力的测量

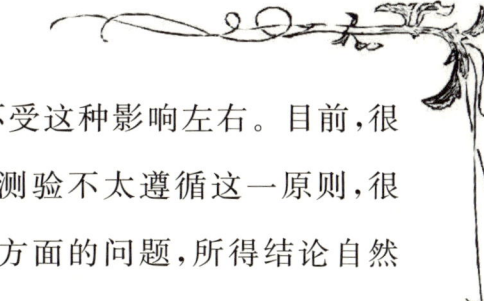

但在编制题目时,应想方设法不受这种影响左右。目前,很多报纸杂志及电视节目中智力测验不太遵循这一原则,很多题目属于常识性知识和技能方面的问题,所得结论自然令人怀疑。

测验题目在编制过程中应该注意内容要避免由于地域、文化、性别、年龄差异所引起的困难。

如所编制的测验题目是为给全国范围内的人都能使用,就要考虑到题目的内容适合全国各地人的语言、习惯及一般文化教养水平,使之避免城乡差别、地域差别。运用别国的智力测验量表一定要根据本国的实际情况进行修订。文化背景和教育训练等方面的因素也应考虑在内。避免文化和所受教育上的差别而偏向某些被试者。例如,让被试者区别垒球和棒球,由于城乡差异,使得农村地区的被试者很难区分。再如,让被试者给电子琴和钢琴下定义,由于被试者的家庭经济状况和父母职业的差异,有人熟悉这些乐器,有人则一无所知。因此,选择这类题目将产生不公平、不合理的结果。题目内容还应考虑如何避免不同性别的人以及由于习惯、兴趣、身体发育等差异所带来的影响,使题目不仅适合于男子(孩),也适合于女子(孩)。所编题目应能有效地鉴别各年龄阶段儿童智力的差别,即随年龄的增长,儿童顺利回答某一类题目人数应相对地增加。

### (二)测验题目的范围如何制定

无论哪一种测验,都应该有它的适用范围,有的适用于学龄前儿童,有的适用于学龄期儿童,有的适用于成年人;有的属于记忆量表,有的则是创造力量表等。每一种量表适用的被试者不一样,所测的内容及结果也不一样。所以,选择量表时一定要根据被试者的年龄及要测验的项目,选定最适合的量表,不能随便拿一个来就用。

智力测验,由若干个题目组合构成,按题目的性质不同,智力测验也分为文字智力测验与非文字智力测验。智力测验编制时采用什么形式,是针对所测对象而定的。对学龄前儿童而言,因其语言文字方面的理解水平及识字水平有限,一般就不能采用文字作为测验的题目。

### (三)测验题目标准如何制定

任何一种行之有效的测验,在编制时必须经过标准化。所谓标准化,是指智力测验编制时应经过一定的程序。

## 第二章　智力的测量

并不是每一个题目都可以用来测验的,只有标准化的题目才是可靠有用的。有了标准化的测验题目,应放到标准化的样本中进行测试,从中确定适合某个年龄水平的测验题目。为了使题目标准化,需要对每个题目进行足够多的取样人数的测量,从将来计划施测的对象的母群中抽取一个具有代表性的样本,实施试测,从而考验所编测验题目对预定对象是否适合。例如,编制年龄量表,拟编制的每一个题目都必须在各种年龄的儿童中测试,确定该题目适合于哪个年龄组。测试中,某一年龄的儿童有60%左右的人通过这个条目,即可列入该年龄组测验题目之内。

根据对代表性题目测试所得的结果,经统计分析,整理出一个系统的分数分配表,按高低排列,所得平均数,即为"常模"。一个测验的常模是解释测验分数的主要依据。

在选取样本时要慎重,尽可能使标准样本的特征类似于施测整体的特征。应保持男女的正确比例,城乡居民、不同地域的人口比例,人的社会阶层、经济地位、家庭收入、民族、文化程度、居住条件,也要考虑在内。样本越多,标准化的程序就越精确。

在实际测量以前,要设计好实际的方法,指导语言简明,答案要标准,计分方法要统一。测验的施行、作答和计分的手续越简单越容易得到准确、有用的结果。如果指导语不清楚,测验的手续过于复杂,计分过于困难,都会出现失误。施测时的标准是指对施测环境的控制,如使测验场所的设备、光线保持一致,时间要统一规定,事先做好准备,不要因偶发事件影响测验等。测验的记录要力求客观、公正。

任何智力测验方案编成以后,均须在测验实施手册内,详细说明实施程序与计分方法。实施程序是指施测时必须按手册内的指导语对被试者讲解作答方式等,按规定分发试卷。

### (四)如何验证测验的可靠性

验证测验的可靠性又叫测验可靠性,即指测验的可靠程度。它以反复测验时能否提供相同的结果来说明。一个测验是否可靠,得看先后测验结果是否一致,是否具有稳定性。它表现在两个方面:第一,一个测验内部各题目的得分是否基本相符;第二,两次测验的分数是否基本上前后一

## 第二章 智力的测量

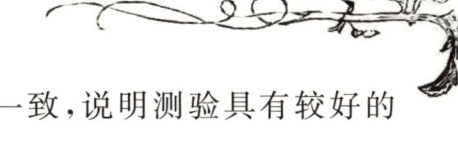

致。如果初测与复测所得结果一致,说明测验具有较好的可靠性,反之则可靠性差。可靠性太差的测验是不能使用的。一个可靠的测量必须对那些在不同时间内或不同条件下可能产生不稳定分数的变量加以控制。

检验测验的可靠性,可采用以下几种方法:重测法,在不同时间但其他条件相同的情况下,再测试一次;折半法,将测验题目前后拆开,使测验分为两半,一次用前半部分,一次用后半部分,前后难度要相等;单双号对分法,将测验题目的单双号分开,分成两个测验,一次用单号,一次用双号,看结果是否一致。

### (五)如何证明测验的准确性

准确性又称效度、有效性和真实性,指测验确能测出它所要测量的特征或功能的程度。一个测验的准确性越高,即表示测验结果越能代表想要测量的心理特征。准确性是选用测验方案时的首要条件,有可靠性又有准确性的测验才可应用。只有可靠性而无准确性的测验,无法达到测量的目的。

表示测验准确性的一种方法,是将所测量的结果与随后的行为进行对照。

如果一种测验能预测以后的行为,这种测验的准确性就高,反之则低。准确性的高低通常用准确性系数来表示。智力测验的准确性系数为0.3~0.6。一个新编测验方案,可与同类性质的、为大家所熟知的测验做比较,如果相关系数高,说明此新测验准确性也高。

## 测试你的综合智商

在你测试自己的智商之前,首先阅读下述说明。为了正确进行测试,要符合一些前提条件。按照以下说明去解答这些试题,就可得到你的智商的精确数。

1.在45分钟内答完,不得超过。

2.没有把握的可以猜测。我们已考虑到猜测的可能性。

3.如果问题不止一个答案或几乎没有正确答案,那么请选择一个你认为是最佳的答案。设计此类试题的目的是

第二章 智力的测量

测试你的分析、理解能力。

## (一)在开始测试之前,请仔细研究下述实例

1.在一些题目中,你应进行选择性回答。

例如,在所给出的5个单词中,哪一个可形成意思相近的最佳比较?船在水上如同飞机在天上……

太阳　大地　水　天空　树

答案是"天空"。船在水上航行可以类比飞机在天空中的飞行。

你还会遇到对比图案试题。

例如:在图2-1标有数字的5个图形中,哪一个是问题中的最佳对比图形?

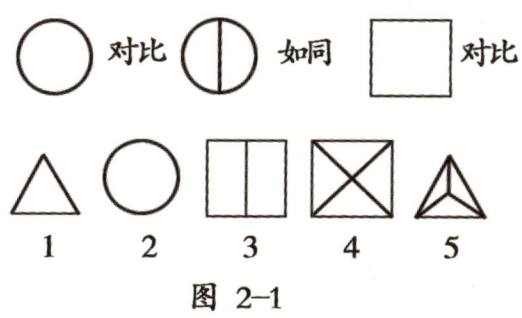

图 2-1

答案是3。一个圆分成两半可类比一个正方形被分成两部分。

2.在某些问题中,你可看到5个一组的图案。它们当中的4幅图有共同之处,且在某种方式上相似。你应答出哪一幅与其他4幅不同。

例如:说出下面5个词中哪一个与其他4个不同:

狗  汽车  猫  鱼  鸟

答案是汽车。其他4个是有生命的动物,而汽车则是无生命的。

图形中也有类似问题。

例如:在图2-2的5个图形中,哪一个与其他4个不同?

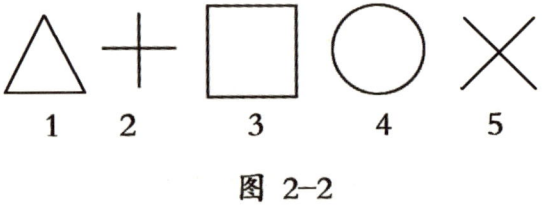

答案是4。其他的图形全部由直线构成,而圆是曲线。

3.另一些类型将给你提供一组数字或字母,它们之间

第二章 智力的测量

都有一定的规律,并遵循某种安排好的模式。然而它们中的一个数字或字母不适合这一规律,你应答出这一个。

例如:下面一组数字中哪一个排列不当?

1—3—5—7—9—10—11—13,答案是 10。因是奇数排列,10 是偶数,所以它在这一组数中不适当。

4.另外还有一些需要回答解决的问题。

这些问题不需复杂的计算,而是测试逻辑性,即怎样才能做好。

现在开始做题,请仔细阅读每一个问题,时间为 45 分钟。

## (二)试题

1.下列 5 组词中,哪个与众不同?

熊 蛇 牛 狗 老虎

2.如果重新安排字母"BARBIT",你可以得到一个_____的名词。

OCEAN(海洋) COUNTRY(国家)

STATE(州) CITY(城市) ANIMAL(动物)

3.在图 2-3 的 5 个标有字母的图形中,哪个是最佳比较?

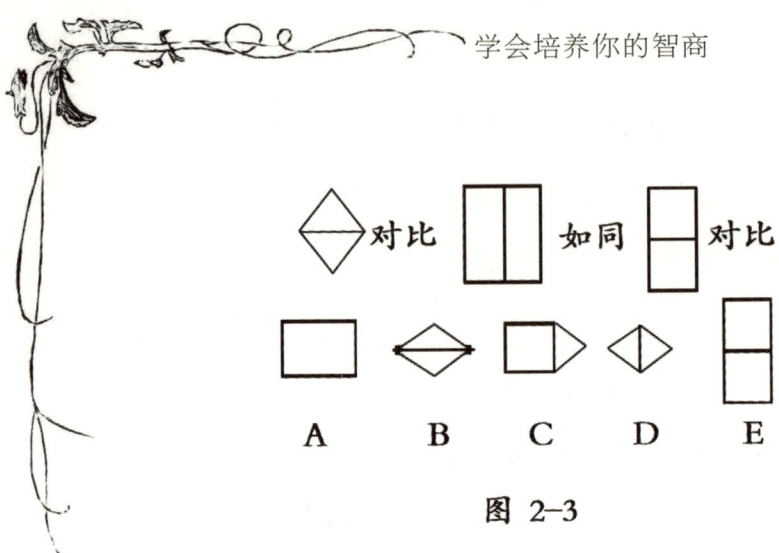

图 2-3

4.下列5个词中,哪一个与其他不同?

土豆　冬瓜　苹果　胡萝卜　扁豆

5.在图2-4的5个标有字母的图形里,哪个是最佳比较?

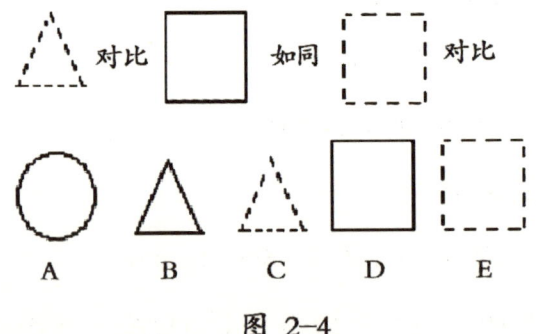

图 2-4

6.亮亮12岁,是他弟弟年龄的3倍,当亮亮是他弟弟年龄的2倍时,他应是多少岁?

15　16　18　20　21

## 第二章 智力的测量

7.在下列所给出的5个词中,哪个是最佳比较?

哥哥与妹妹相比,如同侄女对比_____。

妈妈　女儿　叔叔　婶婶　侄子

8.下列5个字母中哪个与众不同?

A　Z　F　N　E

9.下列5个词中,哪个是最佳比喻?

牛奶与玻璃杯相比如同信瓤与_____相比。

邮票　钢笔　信封　书　邮件

10.在图2-5的5个图形中,哪个与其余4个不同?

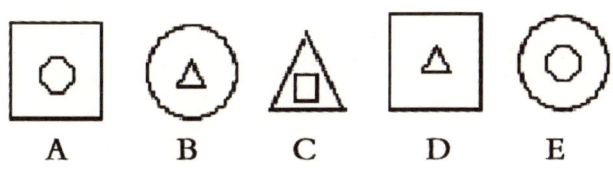

图 2-5

11.在下列5种选择中,哪个是最佳比较?

LIVE 对比 EVIL 如同 5232 对比_____。

(A)2523　(B)3252　(C)2325　(D)3225　(E)5223

12.如果一些X是Y,并且一些Y是Z,那么一些X一定是Z。

这句话:_____。

(A)对　(B)错　(C)既不对也不错

13. 在图 2-6 的 5 个标字母的图形中,哪个与众不同?

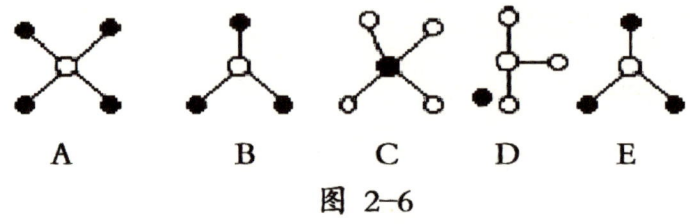

图 2-6

14. 下列 5 个词中,哪一个是最佳比喻?

树与土地对比,就像烟囱对比_____。

烟　砖　车库　房屋　天空

15. 下列第二行 5 个数字中,哪个不符合第一行数字的排列方式?

9 7 8 6 7 5 6 3

9 8 6 5 3

16. 下列 5 个词中哪个与众不同?

摸　尝　听　笑　看

17. 在图 2-7 标有字母的 5 幅图中,哪一幅为最佳对比?

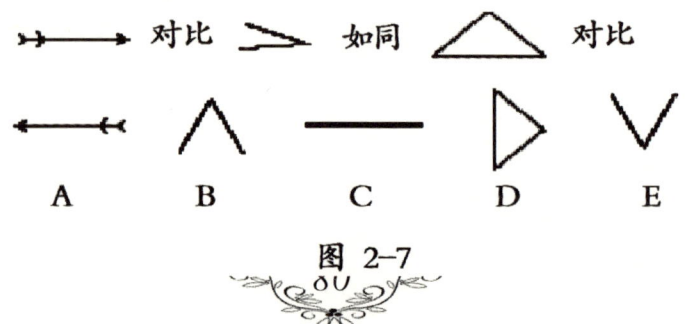

图 2-7

第二章 智力的测量

18.已知贝贝比玲玲高,婷婷比贝贝矮。下列各句中最确切的是_____

(A)婷婷比玲玲高。

(B)婷婷比玲玲矮。

(C)婷婷与玲玲等高。

(D)婷婷和玲玲谁高不能确定。

19.下列5个词中,哪个与众不同?

长袜　服装　鞋　钱包　帽子

20.下列5种选择中,哪一个是最佳比较?

CAACCAC 对比 3113313 就像 CACAACAC 对比_____。

(A)13133131

(B)13133313

(C)31311131

(D)31311313

(E)31313113

## (三)答案及解释

1.蛇。其余动物有腿且为哺乳动物。

2.动物。"BARBIT"＝RABBIT

3.D。三角形和正方形交换位置,且垂直图形变为水平图形。

4.苹果。其余为蔬菜。

5.B。这是一个相反的比较,实线三角形与虚线正方形相反。

6.16。亮亮的弟弟4岁,4年后,弟弟8岁,亮亮16岁。

7.侄子。兄妹,侄女和侄子都是性别相反,但为同辈。

8.E。其余4个仅由3条线组成,E由4条线组成。

9.信封。牛奶装入玻璃杯,如同信瓤装入信封。

10.E。该大圆里有一与自身类似的小圆,而其余4图则有不同的图形在该图案内。

11.C。LIVE反过来拼写是EVIL,5232倒写是2325。

12.B。例如:"如果有些猫是动物并且有些动物是狗,那么有些猫肯定是狗。"我们不能得出这种肯定的假设。

13.D。只有它是由圆组成的。

14.房屋。树破土而出,就像房屋上的烟囱一样。

15.3。该规律为"减2加1,减2加1"等,"3"违反这一规律。

第二章 智力的测量

16.笑。其余都是感觉;笑为面部表情。

17.B。最开始的两种符号指向一样,就好像三角形和图形B指向同一方向一样。

18.D。没有更多的信息,则不可能知道。我们只能知道玲玲和婷婷都比贝贝矮。

19.钱包。其余4种都是可以穿在身上的物品。

20.D。用数字替代字母;C=3,A=1

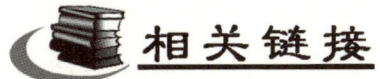 相关链接

# 智力、智能、智慧

智力又称智能或智慧,指人们在获得知识和运用知识解决实际问题时所必备的心理条件或特征。智力的研究发端于个体差异的研究。这种个体差异表现为个体之间在智力方面的差异,以及个体的智力在不同时期之间的差异。从方法论上来讲,前者是横断的研究,后者是纵向的研究。智力是人们进行认知性活动所必需的心理条件的总和,亦是一种一般的能力。能力是一种心理特征。

但是，不能认为人们在活动中表现出来的所有心理特征都是能力。能力是指直接影响活动效率，使活动顺利完成的个性心理特征。有些心理特征，例如活泼、沉静、运动速度、情绪稳定性等，虽然对于活动的顺利进行也有一定的影响，但它们不是顺利完成有关活动所必不可少的条件，所以不能把它们称作能力。而像音乐的节奏感和曲调感对于从事音乐活动是必不可少的；色彩的鉴别、线条比例、形象记忆对于画家具有重要意义；观察的精确性、思维的敏捷性、反应的灵活性则是完成许多活动所不可缺少的条件。缺乏这些心理特征，就会影响活动的效率，使这些活动不能顺利进行，因此，可以把这一类心理特征称作能力。

人的能力一般可以分为特殊能力和一般能力两类。特殊能力是指在特殊活动领域内发生作用的能力；一般能力包括观察力、注意力、记忆力、思考力、想象力等，它们适用于广泛的活动范畴，也就是这里所说的智力。特殊能力和一般能力并不是割裂的，而是有机地联系着的。在各种活动中发展特殊能力的同时，会促使一般能力的发展；而一般能力的发展，也为特殊能力的发展创造了有

第二章 智力的测量

利的条件。

**格言小语**

才智和精神的增长的必要性绝不亚于物质的改善。知识是人生旅途中的资粮；思想第一重要；真理是粮食，有如稻麦。

——雨果

# 智力的培养
ZHI LI DE PEI YANG

第三章　智力的培养

## 智力教育

智力是可以训练提高的。

教育中把对智力有目的、有意识地培养和提高的方法叫智力教育，智力教育的目的就是创造或安排优化的学习条件，使有不同智力水平的儿童按各自适当的速度发展。

那么，发展智力的途径有哪些呢？一般来说，智力是由观察力、记忆力、想象力、思维力、注意力、创造力组成，因而发展智力就是指导和帮助学生训练和培养这些能力。下面就简单说明一下对这些能力的培养和提高。

## 注意和注意力

什么是注意呢？在心理学上有两种看法。有人把注意定义为"头至局部刺激的意识水平提高的知觉集中"，这种理论认为注意仅与知识有关，故认为是狭义上的定义。有

人认为注意是心理活动对一定对象有选择地集中,认为注意除了跟知觉有关,还和其他心理活动(记忆力、思维等)有关,这个看法在内涵上比较广泛,称为广义上的定义。

具体来说,注意的功能主要体现在以下几个方面:

注意具有选择功能,注意的这一功能是指注意保证了选择对主体有意义的、符合需要的、与当前活动任务一致的刺激物,避开了其他无意义的、附加的、干扰当前活动的各种刺激物。从而保证了心理活动正确地指向和反映客观事物。

举一个例子来说明,当我们在看电视时,特别是精彩的、我们非常感兴趣的节目时,常常忽略周围发生的小事,比如有人在跟你说话,你却没有理睬他,或者你听不见周围的嘈杂声,那是因为你把注意力放到了节目上,选择了电视节目加以注意而忽略了周围其他刺激物。

注意的信息的整合加工功能。有关注意对输入信息的整合功能,心理学家们正在研究。注意是灵活的加工系统,可以依据输入的物理属性或它的意义进行选择,仅留下较少的信息,这是主体的思考及其他内心活动对知觉的信息进行多重选择,使有意义刺激内容比不重要的刺激内容更

## 第三章 智力的培养

容易进入意识,这种对有意义的刺激的整合作用只有在注意的状态下才会发生。

注意的保持作用。注意的保持作用是人脑的一种比较紧张和持续的意识状态。注意不仅能使心理过程指向一定的对象,而且能使心理活动过程集中在一定的对象上,从而在大脑中保持对该对象最清晰、完善、准确地反映,直至完成心理活动的全过程,实现目的为止。

注意的调节和监督作用。注意能让人自发地调节和控制自己的心理活动,监督自己的行为活动,使其沿着一定的方向或目标进行。假如心理活动和行为活动偏离了预定的方向和目标,主体就会立刻发现,并及时予以调整,以保证活动的顺利进行。这是一个人是否具备清醒的意识状态的重要标志。在现实生活中,凡是缺乏注意的监督和调节功能的人,其学习和交往的效果就会削弱。正是注意有以上的特性,所以培养注意力才有助于我们认识客观世界和给观察、回忆和思维等认识过程奠定基础。它在认识过程中起着主导作用。

生活在美丽的自然界里能够专心思考、排除干扰,真正做到对与研究课题无关的其他事物视而不见的境界,都是由于当时人们的心理活动指向和集中于一定的对象上,这就是注意。究其生理基础乃是在大脑皮层的有关区域引起十分强烈的兴奋中心(亦即优势兴奋中心)。这样那些落在这个优势兴奋中心的相互诱导作用,就使在其他领域内所受的刺激,在一定程度上被抑制了。

形成优势兴奋中心而引起注意的原因,除事物本身的特点外,表现为强烈新异、对比鲜明、不断变化等客观因素外,更重要的是人的主观因素,如从事事业的态度、动机、兴趣、需要、知识、经验等。

那么注意是否有类型呢?我们根据注意时有无预定的目的,是否需要意志的努力可以把注意分为无意注意、有意注意和有意后注意三种。

无意注意往往在环境发生变化时发生,它是初级水平的注意,指事先没有预定目的,也不需要做意志努力的注意。比如上课时间有一个人突然从座位上站起来走出教室,大家都转头去看他,或不由自主地去看这种行为来自哪个人。无意注意是由直接兴趣引起的。由于兴趣是由直接兴趣和间接兴趣组成的,因此应努力使自己所从事的工作由间接兴趣转变为直接兴趣。

有意注意也叫随意注意。是指事先有预定目的,必要时需要做出一定意志努力的注意。也叫随意注意。例如,我们写作文的时候,就是有意识地把注意集中在自己要做

第三章　智力的培养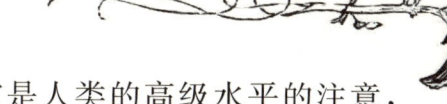

的事情上,这就是有意注意。它是人类的高级水平的注意,有意注意一般是间接兴趣引起的。

有意后注意是注意的一种特殊形式。它是一种虽然事先有一定的目的,但不需要意志努力的注意。比如听一场报告,由于内容新颖、重要,开始听报告的目的虽然明确,但也可能需要付出一定意志努力才能维持注意。但当报告越来越精彩时,就会引起听众的直接兴趣,于是产生了有意后注意,这时不需要意志努力,也能集中精力地听下去了。

## 观察和观察力

什么是观察呢?可以说,它包括用耳朵听、用眼睛看、用舌头尝、用鼻子闻、用手脚接触……而在心理学范畴上,观察是这么定义的,即它是有目的、有计划地对客观事物进行主动的知觉。观察是一种解决问题的、进行科学研究的方法。而观察力则是人们在这种知觉过程中所表现出来的能力,它不只是单纯的知觉问题,而是包含着理解、思考,有目的、有计划的知觉。

我国古人认为"纸上得来终觉浅,绝知此事要躬行"。只有深入实际,亲自到现场观察,取得第一手资料,才能科学地解决问题。一般来说一切真知皆来源于观察。从日常生活、学习、工作到各种各样的实践活动中的科学研究等，都是以观察为基础来获得对客观事物的认识。

观察是为了发现，或者是知觉对象中所发生的变化。但是在科学研究或者发明创造中更为重要的观察是指那些在观察时不受原定思想的约束，以免在探索预期的特征时，忽视那些其他重要情况的创造性观察。而这种观察是有意识地据自己所受的教育、知识水平和分析判断能力去发现自己认为有价值的具体事物。格雷格说："研究人员必须运用绝大部分的知识和相当部分的才华，才能正确地选出值得观察的对象。这是一个举足轻重的选择，往往决定几个月工作的成败，并往往能把一个卓绝的发明家同一个只是老实肯干的人区别开来。"达尔文的儿子描写达尔文："他渴望从实验中得到尽量多的知识，所以不让自己的观察仅局限于实验所针对的那一点，而且他观察到大量事物的能力是惊人的，他的头脑里有一种技能，对他所做出的新发现似乎是特殊可贵的有利条件。这就是不放过任何有利条件。"

也正是因为如此，在学生们的智力发展和智力培养中一定要注意创造性观察力的培养。在科学研究中，如果仅仅注意到那些预期的事物，就很可能错过预料之外的现象。

## 第三章 智力的培养

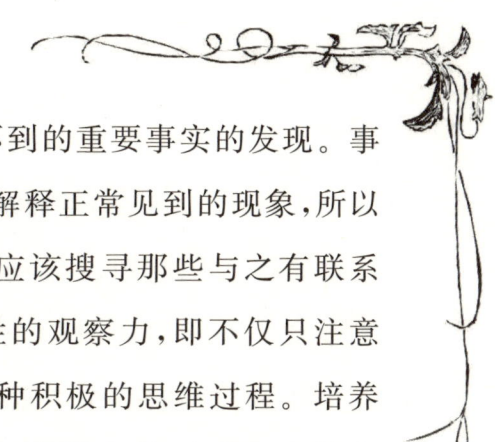

而这些现象却最可能导致意想不到的重要事实的发现。事实上,正是许多例外的现象可以解释正常见到的现象,所以每当发现不正常现象的时候,就应该搜寻那些与之有联系的情况。最好地发挥那些创造性的观察力,即不仅只注意到主要之点而排除其他,而是一种积极的思维过程。培养这种创造性的积极探求事物的态度既有助于观察力的发展,与此同时,又可以排除在观察过程中产生的谬论,使科学发现、发明、创造层出不穷。

观察的方法可分为两种,那就是自然观察法和实验室观察。自然观察法是指在自然条件下进行系统性观察法,进行记录,以待分析。实验室观察法是指在自然条件下加入适当的刺激,借以观察被试对象发生了什么反应,并予以记录,进行处理。既然观察力是发展智力素质的关键一步,而要培养良好的观察力必须做到哪几方面呢?

观察力的好坏实际上就是一种水平心智能力的表现,它涉及观察者良好的感知觉、记忆力、想象力、思维力等。但是更需要观察者的策略和计划。而具有明确的目的和任务有助于坚定观察者的主观能动性。例如,组织一次秋游,回来要求写作文,这样有助于激发同学在秋游过程中的注意力,进行有目的的观察;组织学生进行社会调查,回来要进行总结、交流、写总结报告等,事先就把活动目的确定,并且明确任务,同时还要确定一下观察的重点。另外,由于观察力是由人们的知识、经验所决定的。反之观察力的发展又丰富了人们的知识和经验。如此反复,就会使这个个体成为智慧超群的一个主观因素。

任何一种能力都是靠发挥自身的积极性、能动性来提高的。所以,培养观察力必须刻苦勤奋,在观察中不断地比较和对照不同的对象以及它们的不同方面,考察对象或现象的尽可能多的特点,发现它们之间的微小变化,学会从所感知的东西中分出最主要的东西。这样,随着实践的增多,行动逐渐地变得自动化和无意识,以致形成习惯。

当然,观察某一件事物并不是说任何人、任何情况下都可以的,观察者想要进行有效的观察还必须有良好的知识经验和智力水平。因为只有熟悉正常情况,才能注意到不寻常和未加说明的现象,才能做出正确判断。

在观察的时候,一定要尽量避免主观,必须尽量排除错觉影响。往往有许多错觉造成了虚假的现象;其次要防止从过去的知识经验中引出的错误的结论。正如歌德所说的:"我们见到的只是我们知道的。"有创新的精神,在注意力高度集中的状态下,不仅注视所要观察的对象,而且必须

## 第三章 智力的培养

搜寻每一细节,才可能做出科学的判断,从而不断地有所发现、有所说明、有所创造。

由于人们知识经验或水平等原因,观察常常会出现错误。哥廷根心理学会上的实验,证明了许多科学工作者都有观察失真的现象。在戈廷根一次心理学会议上,突然从门外冲进一个人,他的后面紧跟着一个手拿手枪的人。两人正在屋子中央混战时突然响了一枪,随后两人又一起冲了出去。事件的发生总共是20秒钟。大会主席立即请所有目击者写下他们所看到的情况(这个实验是预先安排的,参会者并不知道)。在交上的40篇报告中,有一篇在主要事实上错误少于20%;14篇有20%~40%的错误;有25篇有40%以上的错误;半数以上的报告中有70%或更多的细节纯属虚构。有些心理学家又做过其他类似的实验,但结论大致相同。

我们观看魔术表演时,经常会为魔术师们变幻莫测的手法感叹不已,然而魔术师所利用的正是人们在观察力上薄弱的一方面。曼彻斯特的一个医生曾做过这样一个实验,他用手蘸糖尿病人的尿样来品尝其味,然后要求所有的同学来重复这个实验,学生们在无可奈何之下勉勉强强、愁眉苦脸地照样做了,并且在品尝后一致认为尿样是甜的。这时医生笑着说:"我这样做是为了教育你们观察事情细节

的重要性。如果你们观察得仔细,就会注意到我伸进尿里的是中指,可舔的却是食指。"

在日常生活中还经常会发生这种问题,被观察事物的情况和观察者的兴趣在观察过程中还是起很大作用的,并且对其观察对象带上情绪色彩。比如在农村,植物学家注意到的是不同的植物,动物学家只注意到动物,地质学家却注意到不同的地质结构,农民更多地注意到地里的庄稼和牲畜等。许多男性同一女性在一起,过后如果有人问到那一位女性衣着打扮的细节时,他们只能回忆起模模糊糊的印象;而要是众多的女性见到一个衣着新鲜、打扮时髦的女性,过后有人问她们时,只要几分钟的时间就能详细地描述那位女性的衣着打扮。

所以要想培养观察力不仅与智力水平和经验有关,还与对观察物的兴趣及情绪有关系。比如牛顿发现万有引力,只有牛顿对苹果自动落地感兴趣和潜心观察。

## 记忆和记忆力

记忆力是智力结构中的一个基本成分,也是智力的基础。同时良好的记忆力也是成才的先决条件。自古以来,

第三章　智力的培养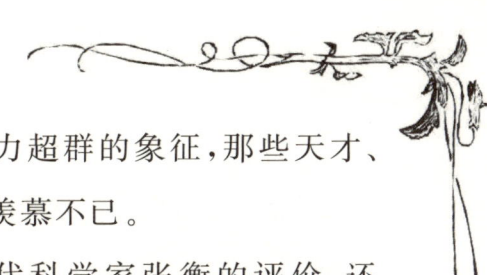

博闻强记、过目成诵是被视为智力超群的象征,那些天才、伟人的超人记忆力常使人惊叹、羡慕不已。

"博闻强记焉"是前人对古代科学家张衡的评价,还有象棋名宿胡荣华,能同时与几十个人进行象棋比赛。唐朝诗人骆宾王七岁赋诗,真可谓记忆超群。而英国首相丘吉尔对于他喜欢的英语能记忆到十几万至二十万个单词(连同派生词在内),可谓是英美人士中记忆单词最多的一位。

许多在某一方面有着杰出贡献的人物都有很强的记忆力,正是靠着这种非凡的记忆力才能为他们的伟大贡献做基础,是他们获得成功不可缺少的条件。那么记忆是先天的,还是与后天的培养有关系?记忆是否可以通过主观努力加以提高呢?

什么是记忆呢?按照心理学上来说,记忆是过去曾经发生过的事物在人脑中的反映。我们在日常生活中,感知到的事物、体验过的事物、思考过的问题、练习过的动作,往往会在我们头脑中留下不同程度的印象,其中有一部分作为经验在人脑中坚持相当的时间,以后在一定条件下还会恢复,这就是记忆。在信息论的观点中,记忆是指人脑对外界输入信息加工、编码、储存和提取的过程。

## 学会培养你的智商

记忆由四个基本环节构成,它们主要包括识记、保持、再认与回忆几个基本环节。记忆是先记后忆的过程。识记是在大脑中留下暂时神经联系恢复的过程;再认是指人们对感知过思考过或体验过的事物,当它再度呈现时,仍能认识的心理过程。回忆是人们过去经历过的事物,在人们头脑中重新出现的过程。可以想象,如果没有记忆过去所发生的事物,那么知觉、思维、想象、意志、情感等将成为不可能的事。事实证明,记得越深刻,掌握的知识也就越丰富;掌握的知识越丰富,智力就发展越快,认识问题和解决问题的能力提高也就越加迅速。正如东汉王充所说:"涉浅水者见虾,其颇深者察鱼鳖,其尤甚者观蛟龙。"

令人无法想象的是,一个人的大脑在一生中能储存的信息大概有一千万亿单位。这么多信息都是以什么方式储存呢?实际上记忆的生理基础是与大脑边缘系统的颞叶、海马有着十分密切的关系。当这些部位的暂时神经联系形成的痕迹遇到有关刺激时便会引起重新活动,从而产生记忆这种心理现象。

记忆根据种类可以划分为三种,它们分别为瞬时记忆、短时记忆和长时记忆。这是根据记忆信息的输入和

## 第三章 智力的培养

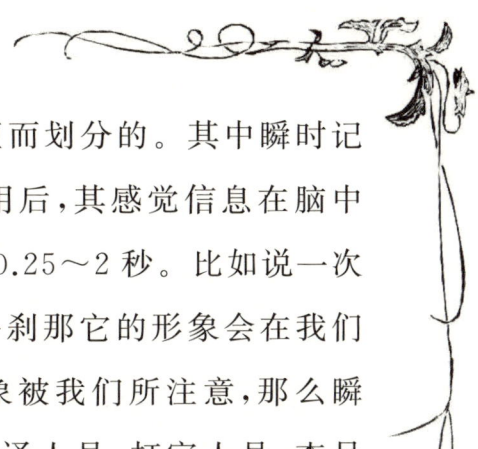

编码方式不同以及储存时间长短而划分的。其中瞬时记忆指客观刺激物对人脑停止作用后,其感觉信息在脑中停留一刹那的记忆,这一刹那在0.25～2秒。比如说一次突发性的爆炸现象在其发生后一刹那它的形象会在我们脑海里。假如这个一刹那的现象被我们所注意,那么瞬时记忆就转化为短时记忆,像口译人员、打字人员、查号台服务员都离不开短时记忆,短时记忆的保持时间长于瞬时记忆,一般在5～20秒,最长不过一分钟,所以又可以说是一分钟以内记忆。另外,短时记忆怕干扰,如果有突如其来的外界干扰,短时记忆的内容就会忘记或产生错误的记忆。

当短时记忆经过有深度的加工和编码后,短时记忆就可以转化为长时记忆。所以,长时记忆就是指信息经过一定深度的充分加工后,在头脑中长时间保留和延续的记忆过程。我们把这种记忆叫长时记忆就是因为有些事情常常在很长时间内乃至终生都不会忘记,这是长时记忆的效果。长时记忆的容量相当大,其范围人们至今没有能够做出科学界定。以上三个阶段的区分并不是绝对的,它们之间具有某种相对的联系,那就是长时记忆是建立在瞬时记忆和短时记忆基础之上的,没有瞬时记忆的登记、短时记忆的加工,信息就不可能长时间地储存在我们的头脑中。

人类记忆潜能是如此巨大和无法想象,乃至有的科学家说:一个人的大脑能学会六种外国语同时学习两所大学的全部课程和记住大百科全书的十万条条目。十分之一二的功能没有发挥出来,因而如何开发记忆潜力、增强记忆效果,成为人类面临的又一个课题。

为什么有时候我们所记忆的东西有时是一些语言、符号、图画,而有时是一些动作、姿态,还有时是一些现象的、具体的、鲜明的事物呢?从这方面,即我们所记忆的内容,可把记忆分为形象记忆、词语逻辑记忆、情绪记忆和运动记忆。形象记忆是以过去经过的事物具体形象为内容的记忆,这种记忆保持的是事物的感情特征,并具有显著的直观性,它既可以是视觉形象,也可以是听觉的、触觉的或味觉的形象等,在形象记忆中,一般以视觉和听觉记忆为主。当然也有嗅觉记忆力高度发展的人。例如,茶叶品尝师和磨面坊的工人。在生活中,有人对事物的外部特征和具体形象记忆快、保持牢,当回忆某人某事物时,头脑里则会显现出该事物的鲜明、具体形象。

形象思维与形象记忆有密切的、内在的联系,形象记忆

## 第三章 智力的培养

随着形象思维的发展而发展,而这种记忆在幼儿身上表现突出。

情绪记忆是指人对过去的某种感情的回忆,例如我们某一天愉快心情、抑郁心情的记忆。在现实生活中,有人牢固地保留着自己所体验过的情绪或易于记忆曾经激起自己情感的事物。

运动记忆就是对过去的发生过的动作的回忆。例如,你对广播体操、某些习惯性动作和劳动操作的记忆。对于运动记忆不同的人也有区别,有的人善于运动记忆,并且记得较快,牢固而且准确,而有的人则相反。在人的发展过程中,运动记忆比其他记忆发展较早些,一般儿童在出生后第一个月就表现出运动记忆。

以上讲了记忆的不同分类,再补充一点就是要记住一些东西,往往是各类记忆同时参与的结果。比如,演员演戏,既要记台词(逻辑记忆),又要记忆一些动作,还有一些情感记忆。现实生活中,有的人形象记忆表现突出,而有些人对逻辑记忆表现突出,而一些天才人物则记忆力非凡,例如著名作曲家的听觉记忆非常鲜明,而视觉记忆超群是画家的最大特点。

我们能够记忆的原因是什么呢?这是困扰许多科学家

的不解之谜,而海登则是解开这个谜的先驱,他创造了一项新技术,即从大脑中分离出单个的神经细胞,从而可分析RNA(核糖核酸)的含量是多少。它使受试验的大鼠处于一种强制要学习新技巧的新情况下,结果发现被迫学习的大鼠的脑细胞中RNA的含量比通常情况下生活的大鼠要高12%。美国的科学家阿西摩夫研究指出RNA分子很多,也很复杂,因此能够储存很多的记忆。并且指出,RNA分子是根据染色体中的DNA(脱氧核糖核酸)的形式而做成的。一个人生来就在DNA分子中装载着巨大的潜在记忆结构——"记忆银行"。到需要时将它们唤出、激活它们,使它们在记忆中储存进人们所感知到的信息。由此可见,先天素质的不同,决定着记忆力的差别,这证明了遗传与智力不可分割的关系。

## 想象和想象力

想象是人类认识的高级阶段。马克思说:"想象,这一作用于人类发展如此之大的功能,开始于此时产生童话、传奇和传说等未记载的文字,而有业已给予人类以强有力的影响。"纵观人类历史,到处可以看到想象所产生的巨大作

## 第三章 智力的培养

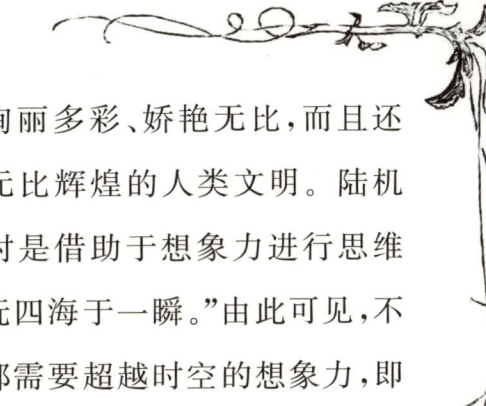

用,它不仅使人们的生活变得绚丽多彩、娇艳无比,而且还使人的思想插上翅膀,创造出无比辉煌的人类文明。陆机在《文赋》中说,文学家在创作时是借助于想象力进行思维的。他认为:"观古今之须臾,抚四海于一瞬。"由此可见,不论是艺术家还是科学家,他们都需要超越时空的想象力,即不受时空限制的形象思维力。

想象是如何定义的呢?心理学上讲想象是人脑对已有表象进行加工改造,创造出新形象的过程。看来想象不是凭空而生的,而是在丰富知识、经验的基础上产生的。例如一个没有见过长城的人,可以通过人们对长城情况的描述而想象到它的一些概况;没到过北方的人根据一些书籍的介绍,可以在头脑中想象一幅千里冰封、万里雪飘的北国风光;发明家的发明创作则是在头脑中创造出根本不存在的新产品形象;而一些童话作家,可以在头脑中产生出一些现实生活中根本不存在的离奇的形象;还有科幻小说家笔下的科技机器、神话小说中的妖魔鬼怪等。然而表面上"超现实"的想象,都是以客观事实为其依据的。首先,构成新形象的材料是来自客观世界。它来自过去的经验,过去的记忆内容,来自对客观现实的感知,即使是一些荒谬的无据的形象。我们熟悉的古典小说《西游记》中的猪八戒、孙悟空都是现实生活中"人"的加工,而唐僧则是一个唐朝的真僧人。其次,想象的原因也来自客观事实,比如一个设计师需要设计一个花园、一个建筑物,是因为生活中的需要。文学创作的原因就是通过作品来批判或赞美现实的社会制度和生活环境。例如《红楼梦》就是通过它来批判封建礼教,赞美自由恋爱。因此,那种根据别人的介绍或本人头脑中独立创造而形成新形象的过程,叫作想象活动。

  人们都知道嫦娥奔月的故事,也都向往着美丽的月宫,然而几十年来人们只把它当作一种不存在的幻想,人类怎么能够到达月球上呢?然而20世纪就有一位大胆的科学家齐奥尔科夫斯基提出:"人可以到宇宙旅行。"人们就是凭着这个想象出的目标,一直在科学界奋斗去寻找到达宇宙的途径,人造卫星、载人飞船先后进入太空。1967年7月20日上午10时50分,尼尔·阿姆斯特朗,一个第一次登上月球的美国人实现了人类千年的幻想,后来还有人先后登上月球,进行太空漫步。现在,人们幻想着在太空修筑太空轨道,使人们能够像在地球上旅行一样,到太空进行度假旅行,并且在太空上修筑太空别墅、太空花园。相信人们一定能够实现自己的梦想。

## 第三章　智力的培养

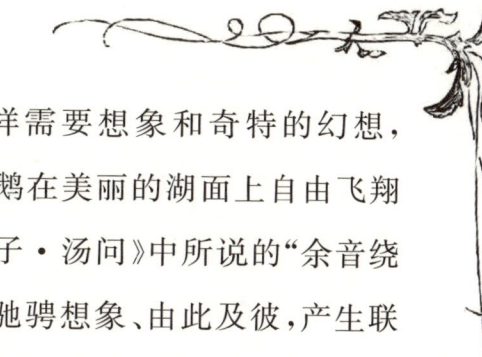

在文学、艺术创作中也同样需要想象和奇特的幻想，《天鹅湖》的作曲家正是想象天鹅在美丽的湖面上自由飞翔而创造出脍炙人口的作品，《列子·汤问》中所说的"余音绕梁，三日不绝"使人读后（听后）驰骋想象、由此及彼，产生联想并且在想象中体会其美妙意境。

幻想和想象有什么区别呢？实际上，幻想是一种与生活愿望相结合并指向未来的想象，是想象者所向往、喜欢的事物形象。幻想是指向未来的活动，但不一定符合客观规律，可能是将来无法实现的。而想象的结果一般能落实到现实中去，但是积极的幻想为想象创造了条件或是想象的准备阶段，正如郭沫若同志所说，科学也需要创造、需要幻想，《嫦娥奔月》《龙宫探宝》《封神演义》上的许多幻想，通过科学，今天大都变成了现实。比如人类飞上了天空，还有一种隐形衣也制造出来了。各种导弹、火箭及航空母舰在过去只是人们的一种幻想，今天却变成了现实。

杰出的科学家爱因斯坦在 16 岁就提出了相对论，如果人追上光速，将会看到什么现象？在当时只不过是一个少年的幻想，是随意想象而已，而刻苦钻研的爱因斯坦却在这个问题的提示下发现了当时物理学中的根本矛盾。十年后,想象之花终于结出了成功之果,震惊当时的"狭义相对论"诞生了,8年以后,"广义相对论"问世。相对论改变了物理学中传统的时空观念,给现代科学技术和现代哲学思想带来了革命,爱因斯坦也被誉为20世纪的哥白尼,英国物理学家廷德尔就爱因斯坦发现相对论而感叹说:"作为一个发明家,他的力量和多产,在很大程度上应归功于想象力给他的激励。"

想象也是有其类型的,据产生想象时有无明确目的,可把想象分类为无意想象和有意想象,无意想象也称随意想象。例如看到天上的白云,不自觉地想到各种奇峰、异兽的形象。与无意想象相对的是有意想象,指按照一定目的自觉地进行想象。例如,当你看一本小说,就想象到故事情节、人物形象和环境特点。

那么梦又到底是什么呢?心理学上把梦认为是一种无意想象的极端情况,是人在睡眠状态下,一种漫无目的、不由自主地奇异想象。巴甫洛夫解释梦是人在睡眠中,大脑皮层产生的一种弥漫性抑制。由于抑制的不平衡,皮层的某些部位出现兴奋状态,暂时神经联系以料想不到的方式重新结合而产生各种形象,就产生了梦。因而,梦是在意识不清醒的状态下,暂时神经联系的活跃和改组。想象据独

## 第三章 智力的培养

立性、新颖性和创造性的不同还可分为创造想象和再造想象。

再造想象是根据语言的描述或图样的示意,在头脑中形成相应的新形象的过程,创造想象是不依据现成的描述而独立地创造出新形象的过程。人们在创造新作品、新理论时,头脑中所构成的新事物的形象,都属于创造想象。我们阅读鲁迅先生的作品时,可在头脑中再造出"祥林嫂""孔乙己"等生动形象。而对于鲁迅先生本人来说,这些形象的创作却是艰辛的、创造性的构思过程。他需要搜集大量素材,在已有的感性材料的基础上,经过深入分析、综合等思维的加工、改造,才塑造出这些跃然纸上、栩栩如生的形象。

想象和思维是不可分割的有机整体,想象活动实际上是一种特殊形式的思维活动过程。像飞机的发明,是人们在想象能像鸟一样飞翔的基础上进行设计的,在思维活动的参与下进行的。科学的思维分为:(1)准备阶段,包括问题的提出、假设和研究方法的拟定。(2)研究过程。(3)所得结果的概括、问题的解决,以及用实践来检验结果。为了正确地进行科学研究,必须了解问题的提出和进行研究所依据的事实,及在解决问题时已有的理论和积累的科学事实。没有这些知识经验积累,任何科学都不能产生。只有感性的材料十分丰富,人们的思维活动才能处于高度的紧张和积极状态,思维才能更宽广,才能建立更多更深的神经联系,才能产生丰富的联想。高尔基在论述一个作品的主题怎样形成时说:"当你把这些印象搜集得相当多时,这些印象就会显现在你们面前——在你面前的是鲜明的图画,清晰的画像。"鲁迅先生说:"必须如蜜蜂一样,采过许多花,这才能酿出蜜来。"

伽利略通过对比萨斜塔里天花板上长短不齐不停摆动的吊灯进行观察而发现钟摆运动的等时性问题,当时仅有18岁的伽利略一面仰望着不停摆动的吊灯,一面用右手指压在左手的脉搏上,发现吊灯摆动的速度几乎是均匀的。年轻的伽利略被这些来回摆动的吊灯吸引住了。他的想象力像一只脱缰的野马,在他的脑海中奔驰。他进一步观察了不同长短的灯链所系的吊灯来回摆动所消耗的时间是相等的规律后,一个伟大的发现在他脑子里诞生了。

一天,哈德逊河上漂来一具女人的尸体,警察经过几个月的细心侦察却一无所获。这宗案件引起了费城从事新闻工作的艾伦·坡的兴趣,他据新闻报道的材料,运用其惊人的想象力,把它作为素材写成小说《玛丽·罗热的怪事》。后来,罪犯被捕,供称自己的作案过程与艾伦·坡写的小说中的描写完全相似。人们对艾伦·坡的想象力惊叹不已,甚至连侦探也佩服得五体投地。仔细分析,之所以艾伦·坡有如此发达的想象力,与他从事多年的新闻工作有关系,并且对于桃色事件比较熟悉,具备了了解全案的条件和知识,因此才能创造出如此逼真的想象。由此要想有丰富的想象力,必须有坚实的知识、丰富的经验作为后盾。但是并不意味着知识经验的积累和想象力的丰富程度成正比。有些学者、科学家虽然积累了许多知识材料,但是只是墨守成规,发现不了自然界和社会中的规律,终究不会有创造性。

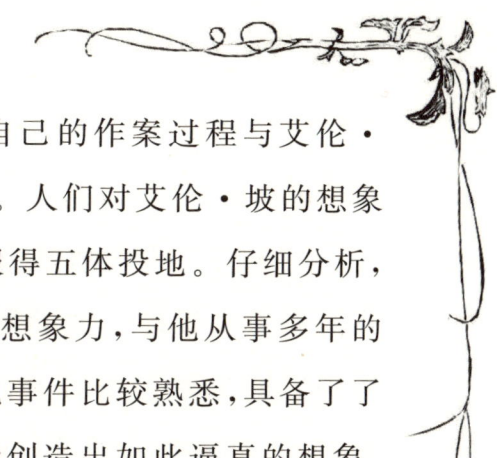

## 创造和创造力

　　创造关系着人类社会的发展,人类文明的不断进步以及人类财富的日积月累与创造息息相关。培养具有创造力的人才是时代和人类社会发展的要求。中国的传统教育的弊端在于片面进行知识的传递,忽视了学生智能和创造才能的培养,我们受教育的同学往往表现出动手能力差、创造能力差,而21世纪需要的是有高度能力的现代化新人去迎接国际竞争和挑战。所以,青少年应充分认识到创造力对自己成才的伟大作用。

许多杰出的人物都有着超过常人许多的创造能力,我们周围也有许多爱动脑筋的小发明家,比如有的同学看到自家窗台上有许多老鼠,偷吃东西、扰乱家里人休息,就想着发明一种抓住老鼠的夹子,并且开始动脑筋去发明。还有的同学觉得由于地板上铺了地板砖和地毯,客人来了总得换鞋,十分麻烦,于是开动脑筋发明了一种有搭袢的活动鞋,两个活动的褡襻用尼龙拉锁连接,大小可以任意调节,可以套在任何大小的鞋上,客人进屋就不用脱鞋了。实际上我们青少年最富于想象,最具创造力了,许多科学家早在青少年时期同样表现了非凡的创造能力。爱迪生是美国伟大的发明家,他从小就有了自己的实验室,做各种各样的化学、物理实验,并且还搞小发明。著名哲学家萨特从小十分喜欢看书,特别是一些成人喜欢看的书,比如雨果的《巴黎圣母院》《悲惨世界》等,萨特在六七岁就开始模仿别人的作品进行创作,写各种小故事、小小说,被家里人誉为神童。

那么创造是什么呢?心理学上讲创造是以智力为核心,以事业心为灵魂的,实践性强,社会性广,综合性大,具

## 第三章　智力的培养

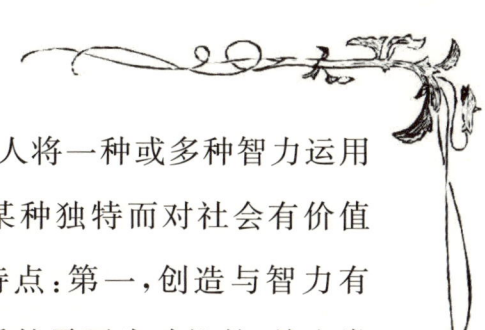

有开创性的特征。创造就是一个人将一种或多种智力运用到内在与外在的材料上,以产生某种独特而对社会有价值的产品或其他。创造有这样的特点:第一,创造与智力有关。第二,创造是以满足社会生活的需要为动机的,从人类幻想像鸟一样飞上天,莱特兄弟发明了飞机,实现了人类美好的愿望;电报电话的发明,使"顺风耳"这个神话变成了现实;四大发明中的活字印刷术正是由于当时需要一种简便的方法去印刷才吸引人们去创造一种新技术;机器人的发明是由于人们面对一些高难度体力劳动时困难很多,因而想找到一种机器代替人类去干。第三,创造是人的脑力和体力紧密结合的活动。创造需要大量的脑力劳动,绞尽脑汁、全力以赴地去想、动手干;陈景润攀登哥德巴赫猜想用了几麻袋草稿纸;爱迪生发明电灯泡时,用了 1000 多种试验材料;曹雪芹写成《红楼梦》经过十几次删改,才产生了这部不朽名著,所以创造是一种较为复杂的劳动,需要全身心地投入。知道了创造,就会联想到创造力,创造力是人们所具有的、运用一切已知信息产生出某种新颖、独特、有社会或个人价值的产品的能力。这种人需要掌握多方面领域的知识和各种经验,这是创造力的基础,这个基础越宽、越坚实,创造力的发展和实现可能性就越大。一个文盲自然不会设计出一枚火箭；一个不懂顾客心理的人，就不能想到让自己的产品加入保险，消除顾客使用的后顾之忧。另外创造力要有创新精神，要避开陈旧老套的束缚。鲁迅先生就赞美过第一个吃螃蟹的人是英雄，是因为此英雄敢做别人不敢做的事；布鲁诺敢于同教会做斗争而宣扬哥白尼的日心说，而哥白尼则能把自己的日心说公布于众而冲破教会神学，否定了统治西方1000多年的地心说。人云亦云，亦步亦趋，是没有创新的表现。创造力必须有社会价值，这是它的又一个特点，可想而知，一件没有社会价值反而会给社会带来负效应的新产品，是否会被人们接受？这种创造是一种无效劳动，为社会所排斥。而创造力的社会价值在于能为国家、全人类的幸福服务，解决人们和社会的问题。

创造力与智力密不可分，但能不能说它们是等同的呢？通常智力是通过智商表示的，心理学上有这样一个测试智商的公式：

IQ＝ MA(智力年龄)/CA(实际年龄)×100

以一个五周岁的孩子为例，在观察力、注意力、记忆力、想象力和思维力等智力因素方面等部分或全部达到或超过六周

## 第三章　智力的培养

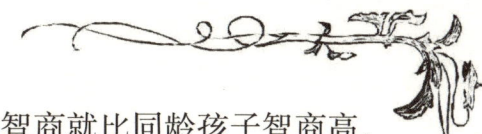

岁的小孩的水平,那么,这个孩子的智商就比同龄孩子智商高。一般来说,智商超过 100 的就表明智力水平较高,低于 100,就表明智力水平较低,而高智商一般在 130 以上。

智商和创造力不一定成正比。在我们周围一些人智力非凡,但是却终生碌碌无为,不思进取;而另一些人,尽管小时候迟钝,但到成年却为人类做出巨大贡献。华罗庚小时候被人称为"罗呆子";拜伦小时候是全班成绩最差的一个;爱迪生只上了三个月的学就被认为是愚钝无法上学而被遣送回去。美籍华裔心理学家刘安彦说道:"有些人智力高,而且又富有创造力,但并不是所有智力高的人都富有创造力。有许多智力属于中等者也都能提供创造性的活动,智力高低和一个人的创造力并没有绝对关系,虽然基本的资质似乎是必要的,但除此之外,则需考虑到其他因素。"

因此,现阶段的教育,如果只是以学校成绩的好坏优劣,而沾沾自喜或郁郁寡欢,岂不是非常不明智？更何况,以学习成绩来判断一个人七八十年的人生,这种评量方法,事实上很不合理。发展自己的创造力关键的因素实际上是勤奋,"勤能补拙是良训,一分辛苦一分才",鲁迅先生也说:"实际上即使天才,在生下来的时候第一声啼哭,也和平常的儿童一样,决不会就是一首好诗。"高尔基说:"天才就是

劳动,人们的天赋是火花。它既可能熄灭,也可能燃烧起来,而使它成为熊熊烈火的方法只有一个,那就是劳动,再劳动。"创造才能实际上是在一定生理素质基础上,在教育和环境的影响下,通过不断的勤奋学习和大胆实践,才逐渐形成的。在创造能力发展的过程中,丰富的知识和经验是基础,我们要刻苦掌握前人的知识和经验,知识越丰富,创造力的发展和实现的可能性越大。培根说"知识就是力量",所以勤奋学习科学文化知识是走向创造能力的第一步。

一个人只有知识的大脑还不够,更重要的是要培养创造思维,创造思维与一般思维的区别在于它解决的是前人或个人尚未解决的问题,创新是它的特殊本质。创造思维具有高度集中的稳定指向,这个指向的终端是需要解决问题本身。它还具有散射性,一旦创造的定向确定下来,创造思维便开始了一个曲折复杂的过程,包括进行正向思维、逆向思维、纵向思维和横向思维等。就像爆炸的炸弹,沿着不同的方向、不同的轨道,散射开去。

社会责任感是创造思维能力开发的动力,造福人类是任何发明创造的出发点和根本目的。我国著名生物学家彭加木,为了开发边疆,他不畏艰险,几次深入到风沙

## 第三章　智力的培养

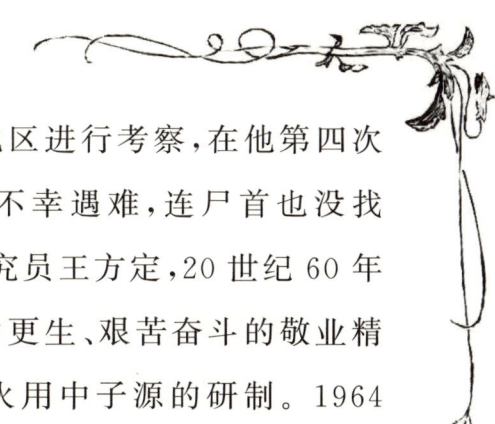

无情、环境险恶的新疆罗布泊地区进行考察,在他第四次进入罗布泊进行综合考察时,不幸遇难,连尸首也没找到。中国原子能科学研究院研究员王方定,20世纪60年代初,在简陋的工棚里依靠自力更生、艰苦奋斗的敬业精神,高水平地完成了原子弹点火用中子源的研制。1964年由于核武器研制工作需要,他毅然告别产假中的妻子、刚出世的女儿和不满两岁的儿子,奔赴青海高原,参加并组织了多次核试验参数的测试。"十年动乱"时虽遭到迫害,但对原子能事业矢志不移,1983年平反之后,又重新投入工作中,曾以第一发明人获国家发明奖二等奖一项、三等奖一项,以主要参加者名义获国家发明奖三等奖一项、四等奖一项。

积极向上、正义的动机,明确的社会责任感,才可能具备健康的心理、乐观的胸怀,去克服创造活动中的各种困难,取得创造成功。

最后要说明的是创造活动和社会实践是分不开的,实践是验证创造力开发程度的具体过程,通过反复不断的实践将自己的想法用于动手活动。这样,才能脱离空想而把理论用于实践。因为任何一个人的创造力都是通过实践活动锻炼培养出来的。

## 思维和思维力

说到思维,自然会让人直接联系到灵感这个词语。灵感这个词总是和天赋、素质、想象、思维联系在一起。它是指在创造活动中,新形象突然产生,某个问题迎刃而解的一种心理现象。在创作过程中起着重要的顿悟作用。爱迪生说:"天才就是百分之一的灵感加百分之九十九的汗水。"柴可夫斯基说:"灵感是这样一位客人,他不喜欢拜访懒惰者。"虽然灵感具有突发性,看似突然地自天而降,实则是建立在坚实的基础知识之上的,并不是所谓的灵感从上帝那里来,是上帝的圣爱,不是心血来潮或灵机一动的产物,是长期艰苦劳动的产物。

曹植是怎样说灵感的呢?《洛神赋》中提到:"于是洛灵感焉,徙倚彷徨……灵之来兮如云。"诗人是由词神缪斯的感召,才激起了创作的狂热,唤起了诗的节奏,从而创作出各种优美的诗篇。所以柏拉图认为"诗歌本质上不是人的而是神的,不是人的制作,而是神的诏语"。古人认为将帅人才往往是星宿下凡,诸葛亮是天上的北斗星,李白则是由于长庚星入母怀而所致,江淹是由于梦见

## 第三章 智力的培养

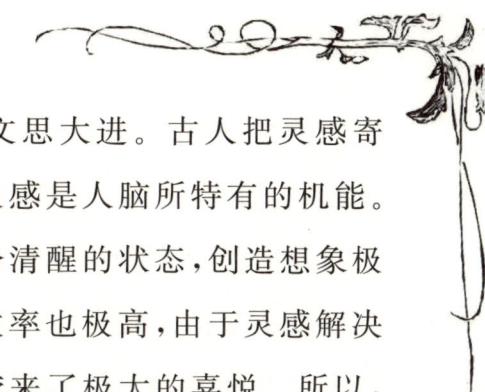

郭璞送他一支五彩笔,才使他文思大进。古人把灵感寄于神灵的帮助,而今人却认为灵感是人脑所特有的机能。人在灵感状态时,意识处于十分清醒的状态,创造想象极为活跃。思维极为灵敏,工作效率也极高,由于灵感解决了亟待探索的问题,给创造者带来了极大的喜悦。所以,灵感总是伴随着巨大的情绪兴奋状态的。

科学家爱因斯坦说:"我相信直觉和灵感!"而许许多多科学家成功的发明创造都有灵感和顿悟的帮忙。这里能找到很多实例。

我们都知道阿基米德这位著名的科学家,曾被王冠的真假问题弄得焦头烂额,然而在一次洗澡时水从澡盆中溢出而得到启示,总结出了著名的阿基米德浮力定理。

而《少年维特之烦恼》之所以成书是因为作者歌德听说朋友自杀后,"整个大脑皮质部汹涌澎湃,好像整个灵感从四面八方一齐射来而变成一个凝聚体",而最后凝结成维特的故事。在科学家、文学家、发明家的发明研究中,顿悟般的灵感从四面八方一齐射来的现象是一种既客观而又真实存在的智力活动。这个状态下人们的智力达到最佳状态,并且超过了平时的能力和极限。

灵感是人的智力发展中很重要的一个环节,假设有

## 学会培养你的智商

99%的勤奋而没有1%的灵感,天才也会埋没而不会被发现,人类科学的不断发展,正是这一份灵感的巨大作用。

发明了电报的科学家莫尔斯,1831年在乘坐"萨利"号邮轮从法国的勒阿弗尔驶往纽约的途中,遇到一位对电学负有盛名的科学家的演说,当他听到"电流发生在一瞬间"这句话时,受到了启示,立即在笔记本上写道:"如果它能不中断地传送十英里,我就可以让它传遍全球。可以骤然切断电流,使之闪现电火花。电火花是一种信号,没有电火花是另一种信号。没有电火花的时间长度,又是另一种信号。这三种信号可以结合起来,代表各种数字和字母,数字和字母可以按顺序编排。这样,文字就可以经由电线传送出去,而远处的仪器就可以把信息记录下来。"

最终的结果是什么呢?莫尔斯终于在不懈努力下发明了给人类带来便利和幸福的电报,人们远隔千里进行通话的幻想变成了现实,灵感在创造发明中的作用是那么重要!有时就像从空而降的感觉。突然出现是灵感的主要特征。

"他的灵感有时是不可捉摸地袭来,有时与地或与人有关,有时只与自己的心情有关。并且往往来时可以预见,去时不用吩咐。"对于灵感,浪漫主义诗人雪莱如此描述。巴尔扎克处于灵感状态时,他的思绪就像一场林区

## 第三章 智力的培养

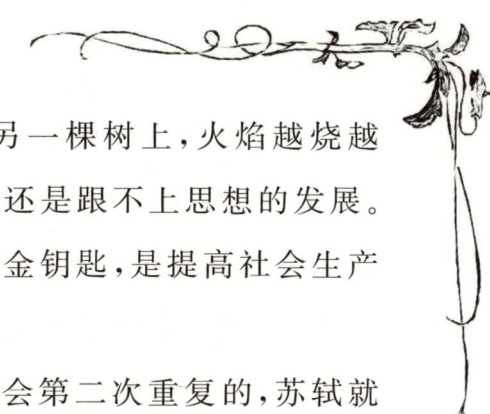

大火,火舌飞快地从一棵树到另一棵树上,火焰越烧越旺,越烧越烈,笔飞快地急驰,但还是跟不上思想的发展。可以这样说,灵感是走向成功的金钥匙,是提高社会生产力的无形财富。

灵感只会拜访你一次,是不会第二次重复的,苏轼就说:"作诗火急追亡逋,清景一失后难摹。"一旦产生了新思想、新火花就要火速进攻,把应该记地记录下来,以免灵感这位仙人飘忽而去。

哈密尔顿在研究四位数的乘法时遇到难题,多日不得其解而紧锁眉头,一天他在散步时突发奇想,答案找到了,但身边没有纸和笔,就立刻把结果刻在所经过的都柏林运河的桥上,人们为了纪念哈密尔顿在这个桥上所产生的灵感,就把它命名为"四号桥"。爱因斯坦在追忆《论动体的电动力学》是怎样产生的过程中,自述道:"一天晚上,我躺在床上,对于那个折磨自己的谜,心里充满了毫无解答希望的感觉,没有一线光明。但是,突然黑暗里透出了光亮,答案出现了。"灵感的来临使爱因斯坦极为振奋,他连续工作了五个星期,终于完成了论文《论动体的电动力学》,爱因斯坦说:"在这几个星期里,我在自己身上观察到各种精神失常的现象。我好像处在狂态里一样。"

灵感是如何产生的呢？黑格尔在谈到美学问题时指出："它不是别的，就是安全沉浸在主题里，不到把它表现为完满的艺术形象时决不罢休的那种情况。"灵感与顽强的意志是分不开的，一些大科学家都有刻苦钻研的毅力和韧劲，绝不在困难面前屈服，而达到了吃饭睡觉都把自己系在问题上的境界，正是在这种持续的状态中，总有突然间的电火花"照亮满是乌云"的大脑，灵感的降临就把问题解决了，所以，顽强的意志对灵感产生起决定性的作用。门捷列夫在发现化学元素周期律的过程中，做了大量的实验，并且对前人发现的60多种元素做了深入研究，他为了制成周期表，一连三天三夜没有睡觉，但还是没有成功。当他因疲劳而熟睡时，他梦见了元素周期表，醒后赶快把它写在纸上，终于给人类科学献上了一个美丽的礼物。

灵感的产生与智力活动有必然的结果，有的灵感是长期思索的结果，而有的是受到客观事物的启发而产生的。我们知道，心理是人脑对客观事物的反映，是大脑的机能。对外界的刺激所引起的神经兴奋，必定会通过一定的神经传导系统——反射弧，在大脑皮层形成暂时的神经联系，而任何一个神经中枢，当它受到有机体非常重要的长时间的刺激时，在大脑皮层里就会形成一个稳固的、集中的兴奋中

## 第三章 智力的培养

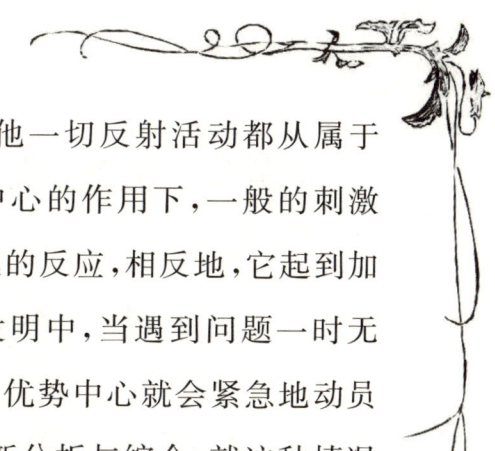

心。在优势中心的作用下,使其他一切反射活动都从属于这个特定的优势中心。在优势中心的作用下,一般的刺激不但不能引起正常情况下所引起的反应,相反地,它起到加强"优势中心"的作用。在创造发明中,当遇到问题一时无法进行下去的时候,如灵感来临,优势中心就会紧急地动员起来,对过去已有的信息进行重新分析与综合,就这种情况下,使灵感出其不意产生,问题得到解决。

恩格斯说:"被断定为必然的东西,是由纯粹的偶然构成的,而所谓偶然的东西,是一种有必然性隐藏在里面的形成。"这就是说,灵感的降临是要以大量的知识和信息在头脑中。灵感的来临是由于既往、巨大的智力活动的结果。同时还要有顽强的毅力去为自己的目标奋斗不息。

灵感实质上是既往的经验和知识的积累处在一个隐蔽的角落,在时间上它隐蔽较长,而升华过程却非常迅速,因而灵感有突发性。

## 重点透视

## 注意力和观察力的培养

注意有着各种不同的特性和品质表现。一般表现为：注意的广度、注意的稳定性、注意的分配和注意的转移。

注意的范围表现。也叫注意的广度，是指一瞬间内的意识所能把握的客体的数量。一个智力水平高的人才，他的注意范围一定是大而多的。"一目十行"虽是成语，但它能形象地勾画出注意的范围。对于同一个事物和同一数量的文字材料，不同智力水平的注意个体，完成的数量总是不一样的。

影响注意范围的因素一般取决于人们的知识和经验。一般来说，小学儿童的经验不多、知识较少，注意范围就比成年人狭小，并且一般神经系统灵活的人比不灵活的人注意范围大。

注意的长短表现。维持长者比维持短者注意稳定性持久。

要让注意力长时间地集中在一个对象上很困难，一种单调乏味的教学，在集中和保持儿童的注意上，总是困难

## 第三章 智力的培养

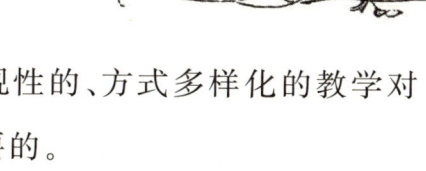

的;而组织紧凑、具有一定直观性的、方式多样化的教学对培养学生的注意力是非常重要的。

跟注意力稳定相对的是注意的分散性,即人们常说的分心。指人的注意力不由自主地离开当前活动的现象。比如课堂上"思想开小差""心猿意马""精神恍惚"等现象,都是注意力分散。产生注意力分散的原因与主体的过度疲劳、困倦、身体不适、神经衰弱等有关,同时,与主体的心理状态有关,如学习目标不明确,动机强度过弱或过强,都易使人产生杂念。而影响注意力分散的客观原因则是指与注意内容无关的诱惑因素,如上课时,忽然从窗外飞进一只鸟或嘈杂的环境干扰。

注意的分配和转移表现。注意的分配指注意同时指向两个或两个以上的对象或活动。比如一边口诵一首熟悉的小诗,一边手写一首熟悉的歌曲,就是注意的分配。注意的转移则是指人根据任务的要求把注意力从一个对象转移到另一个对象上,或从一种活动转移到另一种活动上去的现象。

我们在学习过程中,经常需要善于分配和转移自己的注意力。而注意的转移又与大脑皮层神经过程的灵活性密切相联系。随着儿童经验和智力的增多,由于大脑神经过

程的灵活性不断受到锻炼,因此迅速地把注意力转移到必要的事物上的能力逐渐发展起来。

达尔文曾经说过一件事,叙述他和一个同事在探测一个山谷时,潜心于他们自己要论证的课题,而对某种意料之外的现象视而不见。他写道:"我们俩谁也没有看见我们周围奇妙的冰河现象的痕迹;我们没有注意到有明显痕迹的岩石、耸峙的巨砾、侧碛和终碛。"牛顿小时候,对苹果落地,这个平平常常、千百年来重复不已的现象十分注意,然而在以前谁都没有注意过。而这一切却引起了有丰富知识、智力超常、献身科学的牛顿的注意,并由此而发现了万有引力。所以一些日常生活中司空见惯的小事后面,只要潜心注意、研究,或许会有一个神奇的大发现。

对微小事物注意的贝尔纳就发现了胰液在脂肪消化中的作用。

一天,有人给贝尔纳的实验室送来几只从市场上买来的兔子。一般不会引起人们注意的兔子排泄出尿的颜色,却引起了贝尔纳的注意。他想到,寻常食草动物的尿是浑浊而带碱性的,而这几只兔子的尿都是清亮而又带酸性的。于是他推断出这些兔子准是没有进食而从自己身体组织中吸取养分,因而处于食肉动物的营养状况。后来,贝尔纳用喂食和

第三章　智力的培养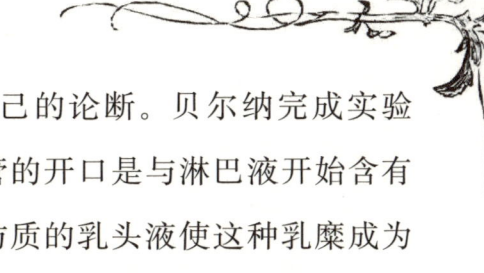

禁食相对交替的方法证实了自己的论断。贝尔纳完成实验后,在解剖兔子时观察到胰导管的开口是与淋巴液开始含有白色乳糜的位置是一致的,脂肪质的乳头液使这种乳糜成为白色,这样,贝尔纳就发现了胰液在脂肪消化中的作用。

实际上注意和观察力是紧密相连而又不可分割的,离开了注意的品质也就无所谓观察了。因为"知识来源于对周围事件中相似处和重现情况的注意"。

## 记忆力的培养

一个人如果有好的记忆力,那么将为他的生活带来许多方便。然而人群中一些人常常为自己容易遗忘和常常记不住一些重要的东西而苦恼,认为自己天生脑子笨。实际上,优秀的记忆力可通过后天刻苦培养而取得。

经常会遗忘一些事情,对于任何一个人来说都是苦恼的事情,然而遗忘是记忆过程中的必经之路。在心理学上遗忘的原因有三种说法:第一种叫衰退说,即指由于记忆痕迹得不到强化而逐渐减弱,以致最后消退,因而导致遗忘,就像一些物理的、化学的痕迹会随着时间的推移而衰退乃至消失。第二种是干扰说,即认为遗忘是由于在学习和回忆之间,受到其他刺激的干扰而导致的结果。或者说遗忘的产生是因为信息储存以后的提取发生困难或错误。因此,记忆痕迹本身并未发生任何变化,储存的信息之所以不能提取是因为其他干扰而产生的抑制所致。一旦干扰被消除,记忆就恢复。而起干扰作用的因素可能是环境、情绪,也可能是相似的学习材料。先学习的材料对识记和回忆的学习材料的干扰作用,后学习的材料对保持和回忆先学习材料的干扰作用都是导致遗忘的原因。第三种是压抑说,认为遗忘是由于恶劣的情绪或动机的压抑引起的,而这种压抑一旦解决,记忆就恢复。弗洛伊德等心理学家通过对精神病人进行催眠,而使病人回忆起过去、早年的生活中的许多事情。这些事情之所以被遗忘是因为他们回忆这类事情时会产生不愉快、痛苦的感觉,从而下意识地把它们压抑下去。压抑说考虑到个体的需要、欲望、动机、情绪等在记忆中的作用,是对前面两种理论的补充。

既然遗忘是真实存在的,而我们要克服它并增强记忆力,跟遗忘做斗争,就要合理地调整自己。

第一,要对已经学习过、经历过的东西合理、及时地复习。据遗忘曲线显示,记忆的东西在最初阶段往往容易被遗忘,并且遗忘表现出由快到慢,而及时复习就防止学习后

第三章　智力的培养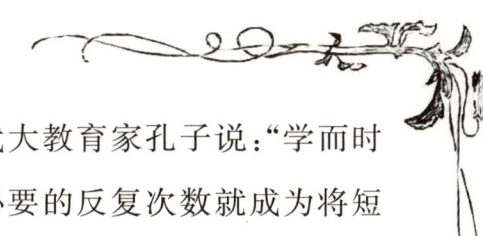

立即发生遗忘的情况。中国古代大教育家孔子说："学而时习之。"及时地抓紧复习和增加必要的反复次数就成为将短时记忆变为长时记忆的关键。

有人做过这样一个实验：老师教给学生10个没有学过的单词，达到能正确地中译英、听写并写出汉语意思后，通知检查时间，并且分别在第二天、第四天、第八天、第十六天、第三十二天进行检查。并在每次检查后对没有完全记住的单词进行复习。而对另一组事先没有进行复习的同学也做了同样的检查，结果发现成绩都不如前一组进行复习过的同学。因此，进行及时的复习，能达到事半功倍的效果。

第二，要加深对所要识记材料的理解，不断提高自己分析和解决问题的能力。要记得牢，仅仅是机械重复，简单地复诵，只凭背诵的方法是不行的。例如，有的学生对一些公式、定理背得滚瓜烂熟，但一遇到实际问题，具体应用时，就感到无从入手、束手无策，什么问题也解决不了；另外，背诵也有利于提高理解、分析、应用问题的能力。这是因为背诵既加深了对所要识记材料的理解，又开阔了思路，丰富了自己的想象力。正如杜甫所说的"读书破万卷，下笔如有神"讲的就是这个道理。

第三，对大脑要善于使用。要尽量做到既要保护脑，不做过度疲劳的无用功，又要会灵活使用头脑。

有足够的营养补给大脑对记忆将有很大影响，尤其在4岁以前尤为明显，给大脑以足够的蛋白质，而碱性的营养元素将有助于大脑，例如一些蔬菜、豆制品、牛奶、鱼肉、鸡肉等都有利于大脑；相反，一些脂肪含量多的食品对大脑不利。

灵活使用大脑，有助于记忆力的提高，在我们周围，常有一些人整天钻研、死记硬背但终究有点记不牢，那是因为他们只会死记硬背，不能灵活运用脑力。良好的使用自己的脑子，既要记得多、记得快，又要记得牢固，的确是一个很重要的问题。多用脑，固然有利于对脑的锻炼，然而过度、不节制地用脑往往会出现神经衰弱的病症，明显地降低记忆的效率。所以一定要懂得劳逸结合，即所谓的"不懂得休息的人，就不懂得工作"。大脑休息可以通过各种途径，例如短时间的睡眠，参加户外活动、体育锻炼，听听音乐、散散步都行。在记忆过程中，记忆材料要有一定的间隔，否则会产生两种记忆材料相互干扰的现象。如果在大脑中形成在时间上来讲比较接近的两个记忆痕迹，就可能产生两个不同的电位互相干扰的现象，

## 第三章　智力的培养

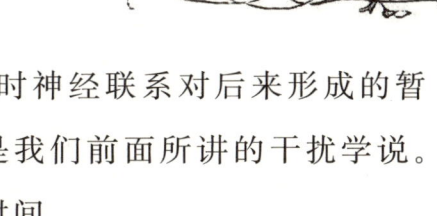

先学习过的东西所形成的暂时神经联系对后来形成的暂时神经联系产生干扰,这就是我们前面所讲的干扰学说。所以,一定要学会合理安排时间。

第四,在进行记忆时要手、脑、耳、眼、心到,即《学记》中的"学无当于五官,五官不得不治"。五官都积极协调起来,这样,从不同的角度来接受各种信息。通过分析、比较,进一步理解其内在联系和区别。我们在生活中有这样的现象,往往眼睛盯着书,而心里却想着那一段有趣的电视节目,或者耳朵听着身外发生的事情;有的同学在写字时只是单纯地写字而不用脑子去记忆、分析所写的内容。朱熹说:"读书有三到,谓心到,眼到,口到。心不在此,则眼不看仔细。心眼既不专一,却只慢慢诵读,决不能记,记亦不能久也。三到之中,心到最急,心既到矣,眼口岂不到乎?"所以说,五官和心到,是记忆的根本,是专心记忆的、主观能动性充分发挥的表现。

第五,在记忆过程中要勤于思考。思考是学习的方法之一,积极地思考不仅有助于理解、掌握所学的知识,并且有助于触类旁通、举一反三,有利于自己创造性的发挥。我们学习知识的目的就是运用和创造,去改造我们周围的世界。比如大家都听说过《曹冲称象》的故事,学

习了物理中的浮力后,就可以由这种知识联想到曹冲称象的故事。在记忆历史时就思考为什么秦始皇的暴政遭到灭亡,而唐太宗的仁政则国富民强呢?实际上记忆过程中可以思考各种问题。我们反对那种只知死记硬背而不去思考的方法。用大教育家孔子的话说就是"学而不思则罔,思而不学则殆"。

## 想象力的培养

想象力的培养要从小做起,从小就为想象力积累而提供丰富的知识,知识是想象的前提条件。

从小就有一个远大的理想,并且要立志成才,这样就为自己的生活提供了一个远大的目标,既培养了自己的爱好和兴趣,又锻炼和发挥了自己的想象能力。研究表明,当人们长期潜心于某种研究时,就总把周围的各种现象,甚至虫叫鸟鸣、动物的生态,甚至于人体的构造纳入自己思想的轨道,激起想象之花。意大利伟大的工程师比尔·纳维设计的罗马运动场,就是受人体头盖骨的启示而设计出来的一座优美的薄壳建筑物。阿基米德是在洗澡的时候才发现运用浮力去辨别国王王冠是纯金还是有杂质的。瓦特在自家

第三章 智力的培养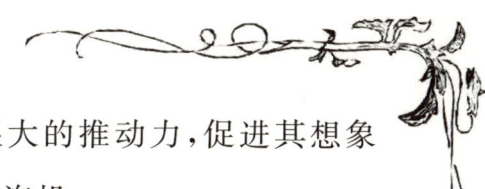

的厨房内看到蒸汽对铝壶盖有很大的推动力,促进其想象而发明了标志工业革命到来的蒸汽机。

盛唐时期伟大的浪漫主义诗人李白喜欢游山涉水,而广泛地游览山川名胜对于想象及思维力的培养是非常重要的。广阔的大海、壮丽的日出常令人心胸开阔、思维活跃,丰富了自己的想象力,而且能够为想象提供活生生的内容。古代天文学家张衡,从小就对天上的星星产生浓厚的兴趣,经常和奶奶在一起,仰着头,数着天上闪闪发亮的星星。达尔文从小热爱大自然,地上的花草树木,天上飞翔的小鸟,水里自由游动的小鱼,常常令小达尔文遐思联翩,他有时好奇地爬上树,看雌鸟怎样孵出小鸟,还到河边钓鱼,并把鱼养在家里进行观察,他还喜欢各种昆虫。校长经常训斥他把时间都浪费在无用的玩意儿上去了。实际上正是这些小小的玩意儿,丰富了达尔文的思维和想象能力,带引他走向了科学的大门。

另外,多读一些科幻小说、童话和寓言也能培养好奇心,促进想象力的发展。

## 创造力的培养

创造力同其他能力的培养方式一样，都需要发挥个人主观能动性或环境和教育的作用进行培养，我们在学习过程中培养自立的创造力就应做到：努力学习，扎实掌握所学的科学文化知识，但是一定要指出这里的学习并不是死记硬背、照抄照搬，而应是灵活掌握，合理运用，得到"点石成金"的方法，而不是毫无生气的一块金子。在学习中要肯动脑筋，善于发现和运用。

训练创造思维力。创造性思维，我们经常用"绝"来赞扬那些独出心裁的设计。"绝"就在于其构思的绝，这里讲一个故事，说的是从前有个财主死了，按他的遗嘱，全部家产由两个儿子平分，财产分完后，两个儿子便争吵起来，都说对方那份比自己的多。最后互相扭打到县衙门，请县太爷公断。哥哥说："弟弟分的比我多了。"弟弟说："哥哥那份比我多。"县令一听，当即让两人画押，然后判决说："你二人将所得财产互换！"这下弄得兄弟二人目瞪口呆，只好服从县令命令。县令的独特之处在于抓住了这场纠纷的一个特点，两个人都说对方多，否则，互换

第三章　智力的培养

就不灵了。

学习榜样的敬业精神。古今中外的发明家、创业者不但留下了劳动的硕果、智慧的结晶,也留下了十分宝贵的精神财富。正是一代代执着地发明,一辈辈在艰辛创业,才有了今天高度发达的科技,他们崇高的品德,让后人油然而产生敬意,他们的敬业精神,对今天从事创业的一代新人,有很重要的价值。

我国杰出的地质学家李四光,去世前一天,还挂念着周总理交给他的预报地震任务。这天,关于地震预报,他与秘书谈了整整一下午,并一再嘱咐秘书,明天带来全国地图继续研究。第二天早晨,当秘书带来地图时,李四光却与世长辞了。竺可桢在临终前,还用颤抖的手,在病床上记录当天的天气情况。

明代著名的医药学家李时珍,冒着中毒身亡的危险,遍尝百草,在我国几乎家喻户晓,传为美谈。他历经27载艰苦努力,留下了一部著名的医药著作《本草纲目》,对药物学、分类学做出了巨大贡献。诺贝尔是瑞典科学家,他为了发明炸药,在一次实验中,几乎被炸死,只见他满身鲜血地从浓烟中爬出来,却双手高举呼喊:"我成功了!"为了造福人类,他们不惜牺牲一切献身科学的精神,

## 学会培养你的智商

为人所称赞。

当然,更重要的一点是创造力培养必须从小抓起,在青少年时期就打下良好的基础,扎根于基础教育(德、智、体、美、劳全面发展与个性特长相结合)之中。

社会在不断地飞速发展,科学技术突飞猛进,面对世界政治、经济和科技发展的形势,掌握各种知识、技能和具有优秀品质的人才就得具有21世纪的特色,他必须:①有报国之心,有坚强意志,有探索精神;②自尊、自爱、自重,重视品德修养;③善于自学、勇于创新,有独立见解;④基础工具课(数、语、外)学习认真,成绩好;⑤重视智力潜能,培养特殊能力;⑥追求新科技的学习研究;⑦培养劳动的观念和习惯,动手能力强;⑧有一定的文体和艺术素养。这八项之中具有坚强的意志和高技术同等重要,即人们所谓的 EQ 和 IQ 共同组成21世纪所需人才。

21世纪是一个国际化的世纪,面临的新形势、激烈竞争将带给人们许多新问题。21世纪是机遇和挑战并存的时代,而使人类的素质得到历史性的提高,是非常必要的。21世纪人才不仅要有高的智力素质,而且还要有高情感、高品德、高技能,需要青少年树立新的时代观,新的科学观。

## 第三章　智力的培养

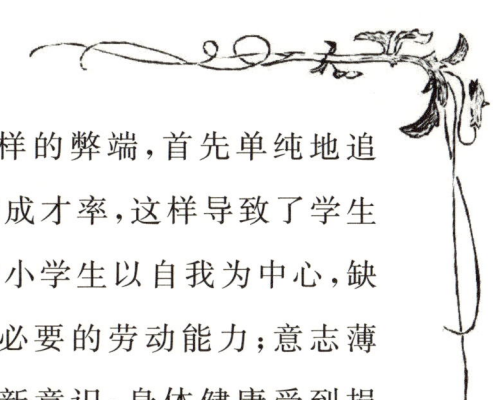

而我们现阶段的教育有这样的弊端,首先单纯地追求知识至上,单纯追求升学率和成才率,这样导致了学生的基础素质有所下降。例如,中小学生以自我为中心,缺乏社会责任感；厌恶劳动,缺乏必要的劳动能力；意志薄弱,经不住挫折的考验,缺乏创新意识；身体健康受到损害等现象,而这种现象与我国当前教育体制有关,在教育过程中只强调智力因素对成才的作用,而忽略了非智力素质的作用,忽略了非智力因素对人的意志、心理、毅力、兴趣、动机等对成长的作用。有些家长,成天让孩子学习、学习、再学习,并且把分数高低看得十分重要,为了让孩子有时间学习,不让孩子参加一点业余活动,而且还把孩子所有应该自己干的活,比如洗衣服、倒水、买东西等都包揽了,这样孩子就失去了一切进行劳动、运动的时间,成了"五谷不分,四体不勤"的高分低能的所谓人才。不仅如此,孩子还没有必要的交际能力,因而对社会一无所知。这种人才绝非我们所需要的人才。现代科学文化知识的武装固然重要,但这还不够,成才就在于把这种科学知识通过实践运用到社会生活中,因而没有动手能力和竞争能力,只能被社会淘汰。

现代教育把情商这一理论引入教育界,情商指兴趣、

## 学会培养你的智商

动机、顽强的意志等因素,而顽强的意志是成才的一个关键因素。纵使一个人具有较高的智力素质但缺乏坚强的意志,懒惰、软弱,那么他的成才机会几乎就没有。相反,只有那些在逆境、挫折、失败中勇于面对现实,为了目标坚定不移,善于吸取教训的人才是21世纪所需的人才。

大家都读过《假如给我三天光明》这本书,也都听说过海伦·凯勒的故事,海伦·凯勒出生于一个幸福的家庭,然而在她一岁九个月大时,生了一场重病而失明、失聪,甚至口不能言。这样的悲惨情况,对平常人来说,几乎已到了绝路,然而坚强的海伦·凯勒却在良师莎莉文的指引下,克服重重困难,不仅学会了认字,而且自己写书,在20岁的时候,还进入哈佛大学念书,成为全世界第一位大学毕业的盲、聋、哑三重残疾者,同时以相当优异的成绩获德学士学位。美国著名幽默作家马克·吐温,曾经指出19世纪最富代表性的两位人物:拿破仑和海伦·凯勒。她身负聋、哑、盲三重残疾的痛苦,却能克服难关,开创出璀璨的前途。

伟大的音乐家贝多芬一生留下许多不朽作品,然而他的一生却极其不幸,实际上,贝多芬音乐才能的发挥与他坎坷的一生有很大的关联。

第三章　智力的培养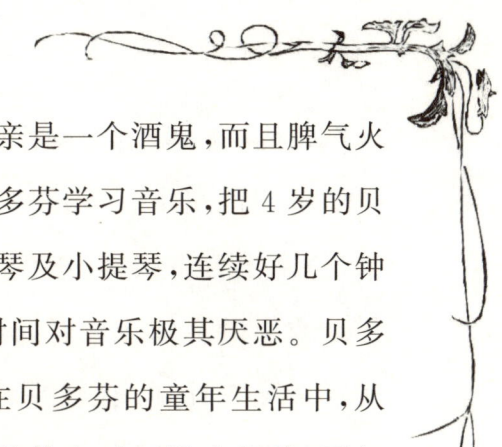

贝多芬出生在波兰,他的父亲是一个酒鬼,而且脾气火暴,经常惹是生非。他为了让贝多芬学习音乐,把4岁的贝多芬关进房间内,强迫他练习钢琴及小提琴,连续好几个钟头才能休息。贝多芬因此有段时间对音乐极其厌恶。贝多芬经常遭受父亲严酷的鞭笞。在贝多芬的童年生活中,从来不知什么是快乐,由于他每天的休息时间没有规律,再加上他的父亲性格诡怪,造成了他性格阴郁,并且手脚笨拙,经常摔破家中的器皿,因而不受欢迎。虽然如此,贝多芬却始终潜心于音乐,不顾外界的嘲笑、欺辱,甚至在双耳全聋后,又克服了绝望、消极,他透过强烈的情感,以震撼心灵的音律作曲,先后完成声势壮大的交响曲《英雄》《命运》《田园》等杰出作品。

# 灵感的培养

## 灵感的培养

培养灵感离不开提高大脑素质,这是灵感产生的一个根基。而且只有扩大知识面,掌握丰富的知识和经验,才能更容易产生新的联想和独到的见解。让大脑放松,让天光云影,任自徘徊,若大脑中缺乏知识,则会空白一片,灵感产生的可能性很小。牛顿把天上的运动和地上的运动结合起来,总结出万有引力;李四光运用力学研究地质现象,创立了地质力学。知识面宽,样样精通是不可能的,因而要根据实际情况有计划、有目的地开拓自己的知识面,不做死记硬背的奴隶。

另外,在掌握知识过程中,往往只强调对知识的单调掌握却忽略了对学生自身能力的培养,使学生成了"高分低能"的呆板型人物,而应同时帮助其发展想象力、思维力、观察力、注意力等。

思考是学习提高的驱动器,只会学而不思者就会成为啃书本的书呆子。同样,只思考不学知识,就缺乏解决问题的材料。因此,平时学习知识的过程中要勤于思考,多提几个为什么,许多科学家正是由于勤于思考,提问题,才促使自己为解决问题而努力思考,产生灵感,多思、勤问是成才需要培养的不可缺少的品质。卡莱尔说:"天才就是无止境刻苦勤奋的能力。"

对自身各种兴趣的培养也是对培养灵感的一个有益行为,避免长时期地钻研一个狭窄的领域而趋于愚钝。林肯学习法律时,不仅仅钻研各种法律条文,刻苦钻研各种课目,他还看各种文学作品,进行几何演算演算代数题,还学习语言,提高自己的逻辑推理能力。爱因斯坦爱好小提琴,大凡科学家、杰出人物都有各种广泛的兴趣,除了多思善问以外,对于其他材料,也浮光掠影,一带而过,仰仗书上的提要和书评跟上科学的发展。一个头脑成熟、智力异常的人物,不仅积聚、掌握科学技术的细节,而且掌握足以见到森林的全局观察力,只有这样的人才,才与灵感有缘。

# 培养智力时应注意的问题

## (一)观察应注意些什么呢

忌漫无目的横向跳跃。许多人在观察事物时,注意力不集中,东张西望,漫无目标,他们观察过的事物如过眼烟云,脑子里没有留下丝毫印象,因而总形不成观点。

忌片面观察。研究问题,忌带主观性、片面性和表面性。有一部分人观察事物,只注意它的正面,不注意它的反面；只观察表面，不观察内部；只注意现在，不注意过去；只去注意事物的一个方面而忽视其他方面。由于这种片面观察，他们所观察到的往往是一些假象，因而得出了错误的结论。中国古代兵书上有疑兵计和兵不厌诈的谋略，就是故意利用一些手段混淆敌人的视听，破坏他们的观察力，引导他们做出错误的判断。比如《三国演义》中"张飞独断当阳桥"的故事。曹操看见张飞雄赳赳，横枪立马在桥头之上，又看见张飞身后的树林背后尘埃蔽日，似乎埋伏有大队人马。他又想起关羽曾经告诉他的话："吾弟张翼德于百万军中取上将首级如探囊取物耳。"这时张飞连吼三声，声如巨雷，势如猛虎，曹操立即转身逃走，退兵30里。曹操这时犯的就是片面观察的错误。

忌无重点、无目的。有些人在观察的时候走走看看，不着边际，观察之后什么结果也没有。有的人观察事物不带目的性，一股脑儿地观察，把所有现象都收留，囫囵吞枣，结果抓不住重点，浪费时间，观察结果不理想。

忌走马观花。观察过程中一定要细致，有的人观察事物，不深入、不细致，只是粗略地浏览一下。这样既得不到具体印象，又遗漏许多细节，使观察结果一般化。

第三章　智力的培养

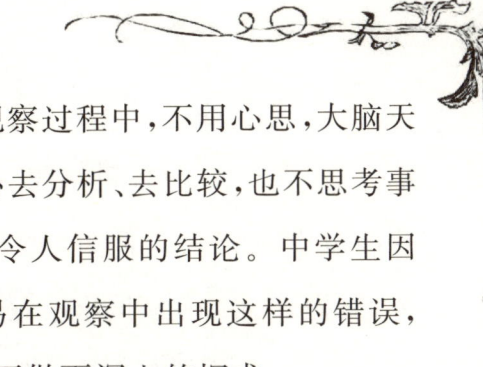

忌神思不属。有的人在观察过程中,不用心思,大脑天马行空,注意力不集中,不用心去分析、去比较,也不思考事物的来龙去脉,因而也得不到令人信服的结论。中学生因为兴趣广泛,性情活泼,最容易在观察中出现这样的错误,他们往往凭借一时的好奇心,不做更深入的探求。

忌半途而废。不只是观察中要禁忌这种情况,任何事情都是忌半途而废的。有的人在观察中,遇到复杂和难于解决的问题时,便停止观察,结果常常功亏一篑。

此外,观察过程中还应该让自己的情绪平和,不要让情绪影响观察过程。有的人在愉快时就有兴趣观察,不愉快时就心情烦躁,观察不下去,甚至在某种特殊情况下,由于心情紧张而根本无力进行观察。对智力较高的中学生进行调查和观察时发现他们一般都有较强的自控能力,情绪稳定,不忽冷忽热,在遇到困难时能坚持下去,不达目的,决不罢休。

## (二)怎样巩固记忆力

现实生活中,很多人因为自己容易丢三落四而深感苦恼。如何才能防止或减少遗忘发生,巩固自己的记忆力呢?

首先,一定要养成一个好习惯。到哪里去或做了什么事,或今天准备学习什么,记忆的效果怎么样,最好事情完结之后,花上少许时间回想一下,有什么遗忘没有,还有哪些内容没有记住。此外,做事或学习时要有计划,先做什么,后做什么,哪些事必须做,哪些事不必做,要合理安排,慢慢养成一个记忆的好习惯。

其次,对自己已经记住的事情,在合适的场合、时间和可能的情况下,要尽量想办法讲述给别人听,这样可以巩固记忆。在学习方面温故而知新,不断地温习,还可以把自己认为有意义的内容讲给同学、家长听。

再次,在争论过程中加深记忆。争论是互相促进、加深理解的一种必要手段。同样,也可以加深理解记忆。

最后,记忆对象要精,并要求能精确、明白。滥记、乱记、多记,效果不会好。

接下来我们简要介绍一下适合中小学生们的记忆方法。

记忆方法之一:重复记忆。重复是学习之母,尤其像字词、术语、外语单词、历史年代、事件等枯燥乏味的东西,更需要循环往复的记忆。

记忆方法之二:早晚记忆。根据心理学原理,早晚记忆分别只受"倒摄抑制"和"前摄抑制"的单项干扰,因而记忆

第三章　智力的培养

效果较好。

记忆方法之三：读写记忆法。边说边记，多种分析器的协同合作也是提高记忆成效的重要方法。这种方法特别适合于记字词、诗词、外文单词等。

记忆方法之四：间隔记忆方法。读一本书，学一篇文章，最好分段交替进行记忆，记忆时间不宜过分集中。

记忆方法之五：概要记忆法。在一般不可能把所有的内容和细节都记下来的场合，如听报告、故事，看电影、小说，可把其中心、梗概、主题记住，或先记一个粗略的框架，然后再设法回忆补充。

记忆方法之六：选择记忆方法。古人云："少则得，多则惑。"读书学习都要抓住其中的重点、难点和关键。记忆的内容有所选择，不要"眉毛胡子一把抓"，更不要"捡了芝麻，丢了西瓜"。

记忆方法之七：趣味记忆方法。"热爱是最好的老师。"一个学生倘若对某一门学科特别感兴趣，其学习成绩也往往较好。

记忆方法之八：运用记忆法。记忆是建立联系，运用则是巩固联系的最有效手段。我们一定要把所学到的东西运用到实践中去。在运用中加深理解，巩固记忆。

当然,记忆力的培养,最根本的方法就是勤奋学习。学习的知识越多,人的记忆力也就越强。孔子说过:"多见而多识之""多学而多识之",识就是记忆。

## 相关链接

## 想象力测试

1.假如你有一只小球,你能用它做什么?想出用途最多的人为优胜。

2.要知道一个物体的重量,你能举出多少种方法来?

3.用硬纸板做一个圆盘,像钟面那样分成12个格。在12个数码的位置,写上12个抽象的性质,如①黄色,②贵重,③小巧,④可动,⑤有用,⑥沉重,⑦移动,⑧弹性,⑨圆形,⑩有价值,⑪短小,⑫耐久。在圆盘中间装一个能灵活转动的指针。这样,就可以来做游戏了:一个人去转动指针,当指针停下来的时候,指针指着一种性质,转动指针的人就举出具有这种性质的事物,也可以一连转两次,举出同时兼备两种性质的事物来,举出的事物越

第三章 智力的培养

多越好。

4.6 个苹果,用一根 5 米长的绳子,每隔 1 米挂一个,正好。现在吃掉了一个苹果,要求还要用这根绳子,仍然是每 1 米拴一个苹果,绳子不剩,应该怎样拴?

5.哥哥用绳子做一个直径 3 米的圆圈,弟弟一下子就跳出去了。哥哥说:"好,我用这条绳再做一个圈,让你永远也跳不出去。"你知道哥哥做的是怎样一个圆圈吗?

6.用 14 根火柴,摆了两只倒扣着的杯子(如下图),只要动五根火柴,就可以让杯子的口倒过来,该怎么动呢?

7.20 世纪中有这样一年,把这一年的年份写在纸上,把纸倒过来时纸上的数还是这年年份数,请想出这个年份。

8.在 8 与 9 之间加个什么,就可以得到一个大于 8 和小于 9 的数。

9.一个人问阿凡提:"阿凡提,你能把 10 棵小树苗栽成五行,每行都是四棵吗?"阿凡提被难住了。你有什么办法吗?

10. 你想一下,你所见到过的影子中,什么影子最大?

11. 你吃苹果时,果皮按正常宽度中间不断而连续削下来,平放在桌子上,想象一下是什么形状?

12. 一位猎人带着一只狗上山打猎去了,你能用3笔画出这种情景吗?

13. 有位牧人问阿凡提:"世界上有没有不吃羊的狼?""有,有。"阿凡提肯定地说。"那是什么狼,请问?"请你想一想。

14. 一个国王想难住一个小神童,问:"王宫前的水共有多少桶?"小神童眨了眨眼睛,说出了令国王满意的答复。你猜一猜,小神童是如何回答的?

15. 世界上什么东西最长又最短、最快又最慢,能分割最小又能扩展到无穷大,最不受人重视而又最受人珍惜。没有它,什么事都做不成。那是什么?

16. 这个图形像什么?你说出的越多,证明你想象力越丰富。

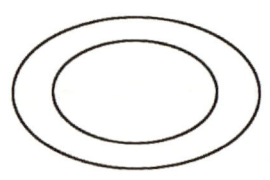

第三章　智力的培养

17.这个图像是什么？

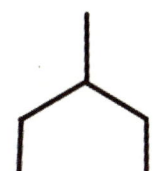

18.6根火柴放在一起,不折断与弯曲,使其中任何1根火柴都跟其他5根火柴有接触,应如何摆放？

19.三头牛和三只虎要渡过河去,只有一条小船,每次能运装两头过河,但不能空船回来,为了防止虎吃牛,在一边岸上的牛数不能少于虎数。应该怎样渡？至少需要渡几次？

20.相传有一天,诸葛亮把将士们召集在一起,说:"你们中间不论谁,从1～1024中任意选出一个整数,记在心里,我提出10个问题,只要求回答'是'或'不是'。10个问题全答完以后,我就会'算'出你心里记的那个数。"诸葛亮刚说完,一个谋士站起来说,他已经选好了一个数。诸葛亮问:"你这个数大于512?"谋士答道:"不是。"诸葛亮又向这位谋士提了9个问题。谋士都一一作了回答。诸葛亮最后说:"你记的那个数是1。"谋士听了极为惊奇。因为他选的那个数正好是1。

你知道诸葛亮是怎样运算的吗？

21.孔明把士兵分成 8 组,每组人数相等,布成一个正方形的八阵图。以后,他暗暗地把士兵增多,但四方形每边士兵的数目没有增加而总数却增加了。如何增加,你知道吗?如果原来的排列如图所示,最多能增加多少个人?

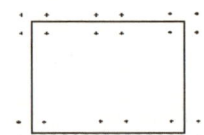

**想象力测试题答案:**

1~3 题略。

4.把绳子的一头拴在另一头的苹果上,就成了一个圈。

5.哥哥把绳子绑在弟弟身上,弟弟当然跳不出去了。

6.照下图移动,杯口可以倒过来。

7.1961 年。

第三章　智力的培养

8.加个小数点,得 8.9。

9.如图。

10.地球的影子,就是夜晚。

11.如图。

12.山后面露出猎枪和狗尾巴。

13.那是死狼或画上的狼。

14.小神童这样说:"要看多大桶。如桶与水池一样大,那就一桶水;如桶只有水池的一半大,那就是两桶水。"

15.时间。

16、17 题略。

18.如图。

19.需要6次。

①一牛一虎过河,一牛返;②二虎过河,一虎返;③二牛过河,一牛一虎返;④二牛过河,一虎返;⑤二虎过河,一虎返;⑥二虎过河。

20.1024一半一半地取,取到第10次时,就是"1"。根据这个道理,连续提10个问题,就能找到所需要的数。

21.最多能增加12个人。

## 格言小语

 天分高的人如果懒惰成性,亦即不自努力以发展他的才能,则其成就也不会很大,有时反会不如天分比他低些的人。

——茅盾

# 天才与智商
TIAN CAI YU ZHI SHANG

# 第四章　天才与智商

## 绘画天才与智商

在许多对天才儿童的研究中,包括特曼研究在内,无一提供有关智商与绘画能力有联系的报告。具有视觉艺术天才的儿童没有显示出具有学业天才的倾向。彼得不喜欢上学,克莱尔·戈隆布所研究的一名儿童瓦达亦是如此。一个学生所在的三年级班里那位"班级美术家"阅读起来又慢又吃力,勉强够得上一年级水平。特曼的被试者中有很小一组人被称为"特殊能力"者。这些儿童不是由于智商高,而是由于具备某种特殊才能,如美术、音乐或机械方面的才能而被老师推荐出来。在15名因美术才能被推荐的人中,仅有一人超过了参加天才教育项目的最低分数线——智商130分。这15人的智商从79分到133分,平均为107分。这些儿童未被选入研究用的最终样本。

在对有绘画天分的儿童的学业成绩的研究方面,奇克森特米哈伊的研究是目前为止最为系统的。一些在美术、

## 学会培养你的智商

音乐、数学、自然和体育方面有天才的青少年被跟踪研究了4年多。有绘画天才的青少年学业上不如有音乐天才的青少年,他们实际上对学业的投入比其他所有被跟踪研究的青少年都少,包括学体育的青少年在内。这些有绘画天才的青少年在中学的学业成绩为60分(按100分制计算)。他们毕业后只有不足一半的人决定参加美国一些有名望高校要求的各类考试——学业能力倾向初步测验和学业能力倾向测验。然而,这些人对美术课却十分投入,选修了最高级、难度最大的美术课程,而且毕业后还常常获得美术奖学金。对学业成绩缺乏兴趣,早年就集中精力于美术,并将之作为自己要走的主要职业道路,这是有绘画天才的青少年的典型特点。奇克森特米哈伊发现,学美术的学生将美学价值看得比其他学科都重,实际上,比学神学的学生重视宗教还有过之而无不及,这一点显示出了学美术学生的那种目的专一性。

这些儿童与普通儿童相比,有绘画天才的儿童出现诵读困难等阅读问题的概率要高。彼得学习阅读有困难。心理学家康斯坦斯·米尔布莱思研究的天才画童乔尔有诵读困难,他直到10岁才学会阅读。甚至上大学后他仍说,只有把概念形象化他才能理解。阅读困难往往与绘画天才有

## 第四章 天才与智商

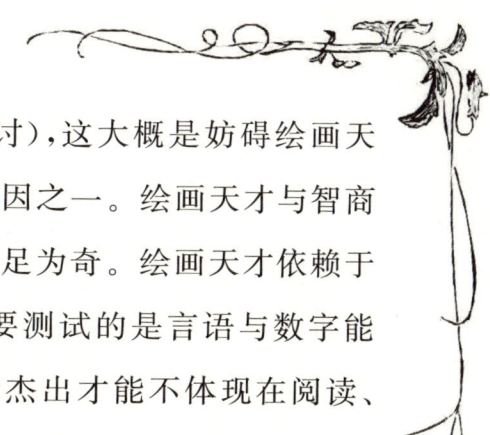

关系（这一点将在下一章进行探讨），这大概是妨碍绘画天才儿童学习优异或热爱学校的原因之一。绘画天才与智商之间的这种分离现象实际上并不足为奇。绘画天才依赖于视觉—空间技能，而智商测验主要测试的是言语与数字能力及抽象推理能力。天才画童的杰出才能不体现在阅读、推理或数字方面，而是表现在观察、记忆、想象或意象转换上。数学也涉及空间技能，但数学上要求的这种空间技能很可能要比绘画能力所要求的更为抽象。视觉艺术天才儿童对隐现在复杂图案中的几何图形具有出色的辨识能力。超现实主义画家马克思·恩斯特孩提时即能从自己床边的红木床脚竖板的木纹上看出人形来。保罗·克勒孩提时也能从光滑的大理石桌面上看出人形来。彼得曾说他能从形状模糊的视觉图案中看出人物形状来。

绘画天才能看出隐含形状的这种能力是一种不依赖于言语智商的技能。

从国外的一些研究结果中得知，想象力与言语智商无关。这项研究用想象性试题比较了绘画天才儿童与绘画能力一般但言语智商与天才儿童相当的儿童。如果智商与想象力有关，两组儿童会表现出同样的想象力。但绘画天才组的得分远远超出与其言语智商相当的对照组。同样，如辨认不完整画面能力测验的结果所示,有绘画天才儿童的视觉想象力也很突出。例如,一看到船的一部分就认出是条船,而其他儿童则认为是几个无意义的线条。视觉艺术方面有天才的儿童在这种任务中之所以表现出色,可能是因为他们能随时从头脑里的视觉形象库中存取这些形象。这样,我们就用刚才讲到的比较方法再次证明,这种能力并不依赖于言语智商。

如同数学方面有天分的儿童一样,有视觉艺术天才的儿童视觉记忆力也很出色。人们普遍认为米开朗琪罗对画作有着惊人的视觉记忆力,即使只看过一遍,他也能记住。王亚妮只要看他父亲在空中"写"一遍就能学会一个中国字。毕加索儿时对视觉细节即有过人的记忆力。

某些实验数据还表明,绘画天才儿童无论是长时视觉记忆还是短时视觉记忆均很出色。研究人员在一项研究中发现,有绘画天才的儿童很擅长回忆画的诸方面,譬如色彩、构图、形式、线条质量和内容。另外,一些研究者证实这种能力与言语智商无相关性。正如我们前面谈到的数学天才儿童一样,有绘画天才的儿童也接受过无法用言语描述的波斯语字母记忆测验。尽管绘画天才儿童在言语智商上大大低于数学天才学生,但他们对字母的记忆却比数学天

## 第四章  天才与智商

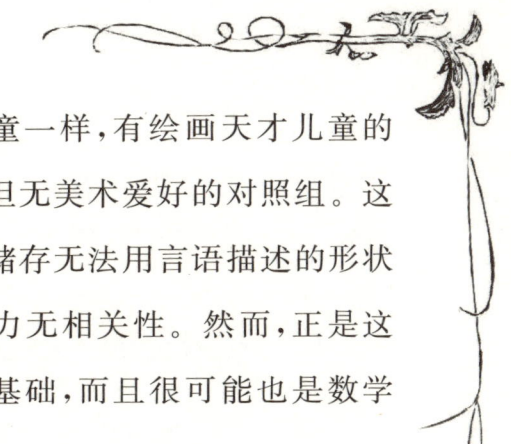

才儿童好。而且和数学天才儿童一样,有绘画天才儿童的成绩大大优于其言语智商相当但无美术爱好的对照组。这表明言语智商与在短时记忆中储存无法用言语描述的形状及从记忆中提取这类形状的能力无相关性。然而,正是这些技能似乎构成了绘画天才的基础,而且很可能也是数学天才的一个组成部分。

重点透视

## 客观地认识天才

### (一)天才不等于全才

很多人认为天才儿童在学习中也应该是全才,他们在每一个学科都应该有天赋。

而实际上,在学习中人们如此想象的全能的天才儿童几乎是很少见到的,天才往往是界定清楚的专业特长。智力发展不平衡比发展平衡要普遍得多,而大多数高智商儿童更明显地擅长于数学或语言方面。语言能力强的儿童往往能运用语言技巧在数学方面做出成绩,但缺乏空间感的语言能力只能使一个人在数学方面发展平平。儿童也可能在某个学业领域颇具天赋,同时在另一个领域则有缺陷。

### (二)有才能的人不等于就是天才

很多人认为在学习中能力很强的学生是天才。在音乐和艺术领域具有很高能力的儿童是有才能的人。

实际上没有理由把学习能力强的学生称作"天才",而把艺术能力强的儿童称作"有才能的人"。尽管这些儿童表现非凡的领域有所不同,但他们都同样表现出早熟、与众不同。下述原则适用于各种形式的高能儿童:他们的非凡能力在某种程度上是先天的;他们能力的发展受家庭成员的同样能力的影响;他们面临着同样的教育需求;由于他们性格内向而与众不同,他们有在社会上被孤立的危险。把一些人归于天才,而把另一些人归于有才能的人,这种区分是错误的。

### (三)天才不等于他的智商也超出常人

很多人认为不管是哪一方面具有天分的人都有着常人没有的高智商。

第四章　天才与智商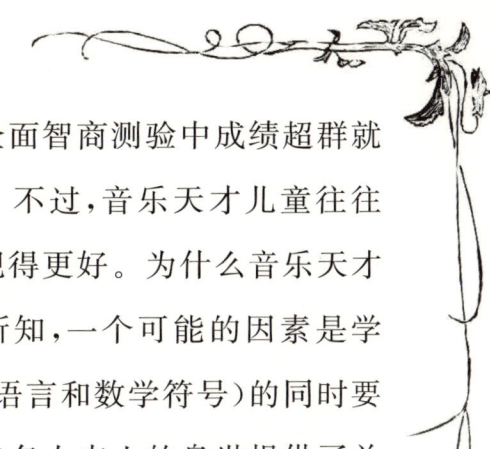

实际上许多学生不需要在全面智商测验中成绩超群就能在音乐或艺术方面极具天赋。不过,音乐天才儿童往往在学业领域比绘画天才儿童表现得更好。为什么音乐天才儿童在学校表现不错并不为人所知,一个可能的因素是学习音乐符号(它继而可以推广至语言和数学符号)的同时要进行每日练习和纪律修养。一些名人杰士的身世提供了关于天才与智商高低无关的最好证据,他们中有些人智商极低,却能在一些结构有序的正规领域,特别是计算、钢琴演奏、现实派绘画和象棋等方面,达到令人惊诧的水平。

## (四)天才是天生的还是环境造就的

绝大部分人认为天才完全是天生的,一个天才从出生起就是天才。

而许多心理学家又认为天才完全是勤奋努力的结果。

实际上大多数孩子,即使他们起步很早、努力刻苦,也绝不会像天生具有超常能力的儿童一样,接受能力那么快,取得的进步那么大。然而这并不意味着勤奋努力和训练与才能的发展无关。天才儿童(包括名人杰士)比大多数儿童工作要努力得多,在他们的领域中获得的经验也广泛得多,而这种经验对于他们的才能发展是至关重要的。然而,仅

仅有勤奋努力和严格的纪律修养并不能使天才儿童和专家达到天才水平。这些儿童的高能力是天生的,正是它驱使他们如此勤奋努力。他们的动机和随后的广泛实践是他们天赋的结果而不是原因。有相当的证据支持这样一种观点,即天才儿童和名人杰士天生具有不寻常的头脑,而这些天赋从某种程度上说是一个人的遗传基因和其母亲妊娠期内分泌影响的产物。

当然,也有一少部分能够自律、努力刻苦的普通人也能取得高水平的技能。但是,这些儿童离不开广泛的支持和成年人的指导,而且他们也不如那些天生头脑就特别适合某个领域的儿童所达到的程度高。在天才儿童的身上,掌握某个领域的特殊爱好与掌握这个领域的着魔似的动机恰当地结合起来了。天才儿童和名人杰士都只需要最低限度的指导和支持,他们依靠自己去发现规律,并往往从非常规途径进入他们的领域,创造出解决问题的别具一格的方法。

### (五)天才需要靠父母施加压力

很多人认为天才必是那些一心望子成龙的热心父母创造出来的。然而望子成龙的父母若对孩子催逼得太紧,这些儿童就会被毁掉。

第四章　天才与智商

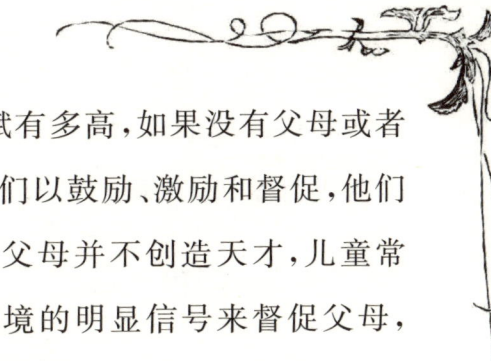

实际上，无论一个人的天赋有多高，如果没有父母或者是其他亲密的人时常给予孩子们以鼓励、激励和督促，他们都不会发展自身的天才。但是父母并不创造天才，儿童常常是通过发出需要一种激励环境的明显信号来督促父母，于是父母便尽力去提供这种环境。

但是，父母也能够毁掉一个天才。如果父母想代替孩子发展他们的天赋，关心孩子的成就甚于关心其精神生活，很可能会造成孩子半途而废。

## （六）一个人心理健康就有望成为天才

很多人认为天才比普通人有着更强的生存能力，更受人欢迎，更快乐。

而实际上超常天才一般在性格上都比较孤僻，很少与同伴打成一片，他们被同学们视为性格古怪不合群的一类。

他们安静、内向，并且喜欢孤独，做事十分认真。独处的好处是巨大的，独处的时间可以用来发展技能和获取知识。如果说适应力强意味着融入环境和与同伴打成一片，那么这些儿童的适应力肯定不强。他们与众不同，并且也知道这一点。除非他们能找到像他们一样具有很强的掌握欲和学习热情的同伴，否则他们就会变得孤独，离群独处，郁郁寡欢。他们也可能变成孤高自傲、目空一切的狂人,或者变成自暴自弃、缺乏自尊心的平庸之辈。

### (七)一切孩子都是天才

有些教育界的人提出所有的孩子都是天才,因此我们的学校应该一视同仁,而不应该存在进行提高教育或速成教育的特殊儿童群体。

实际上,几千年前伟大的教育家孔子就提出因材施教。每一个孩子都有相对的强点和弱点,但是有些儿童在一个或几个方面的强点很突出。超常的天赋产生了特殊的教育需求,正如智力迟钝和弱智要求特殊教育一样。

认为所有孩子都应该是天才,因而没有哪个儿童聪明到需要特殊教育的程度,这个观点导致了对天才的歧视。有音乐天赋的儿童通常需要接受适当的音乐教育。由于学校不能满足这些儿童的需要,他们只好在校外得到训练。学校的美术课也不能满足有艺术天赋的儿童的需要,这种正规学校的美术课在发展有艺术天赋的儿童的艺术才能方面所起的作用很小甚至没有作用。绘画天才儿童通常是自学成才,在幼年时没有接受过美术方面的训练。不幸的是,这些儿童与音乐天才儿童一样需要激励和训练。在形体运动方面有天

## 第四章 天才与智商

赋的儿童也在学校之外接受训练：他们从有能力的教练教授的私人或小组课上学习体操、滑冰、游泳、网球或芭蕾。

在学习中有天赋的儿童又是另一番情形。人们对待这些儿童也像对待艺术天才儿童一样。他们极少接受特殊教育，而且人们认为他们可以自学成才。他们要么接受与普通儿童没什么区别的教育，要么受到最低限度的培养，这通常是指他们一个星期离开课堂一两次，到提高班里接受创造性和关键性思维的训练，学习与他们的天才领域有关或无关的课程。上提高班的一般标准是智商达到中等天才水准，即130分以上。这也是进入全日制"天才班"以及进入专门的天才儿童学校的标准。

这就意味着我们将天才教育经费基本上全花在了中等天才儿童的身上。

如果我们提高对所有儿童的学业标准和期望，并把我们的学校办得像西欧和日本的那些学校一样，那么中等天才儿童就再也不会觉得学习缺乏挑战性。对于那些仍然感到压力不大的学生，可让他们跳级或请专门导师辅导。这样，可能还有些儿童在学业上感到吃不饱，这些为数更少的儿童是"真正"的天才，他们的水平比所在班高出了五六个年级。当前最好的天才培养项目、天才班和天才学校也没有很好地满足这些儿童的需要,即使我们提高对所有儿童的标准,他们仍然感到缺乏挑战性。智商180分和智商130分的儿童有很大的区别,不应该将他们看作学习需求相同的同一群体。我们的天才教育资源花在超常天才儿童身上效益会更大。只有这样,这些儿童才更有可能发挥其潜能,把与自己相同的人视做朋友。

具有超常的语言天才或数学天才的儿童的需求,与具有超常艺术天才或音乐天才的儿童相同。他们渴望刺激和挑战。如果我们把天才教育的资源集中用在这些超常儿童身上,将会有更多超常儿童发展才干,并在长大成人后成为各自领域的专家和创造者。

## (八)天才不一定前途无量

几乎所有人都认为天才在长大后将和常人不一样,一定会成为名人杰士或者创造者。

实际上许多天才成年后不但没有成为名人杰士,反而碌碌无为,而许多名人杰士幼年时也并非神童。天才儿童独立在自己的领域中做出发现,并用新奇的方法解决问题,这当然是一种创造力。但从改变一个领域的意义上说他们并不具有创造力。没有人能不经过多年(最短时限大约为

### 第四章  天才与智商

10年）艰苦的工作就能变革一个领域，因而儿童不能做出此举就不足为怪了。

然而大多数天才在长大后也未能变革他们的领域。他们大多数不能超越那种使他们从孩子们中脱颖而出的早熟和技能。一些人长大后继续在原来有天赋的领域内工作并成为本行的行家里手。一些人长大后改了行，他们有才干但不突出。还有一些人，往往是被父母作为展览品的儿童，希望彻底脱离他们早期具有天赋的领域。

只有极少数的一部分天才能够为后来者打破和重建一个领域。在某个领域内成为成年创造者与成为行家里手不同。但他们的不同在于个性，而不在于能力的高低。创造者永不满足，这往往是幼年时在充满了压力的家庭生活中所培养出来的。他们不因循守旧，敢想敢干，是想重塑事物和改变现状的人。有时他们还有精神上的病症——抑郁症、躁狂症，或躁狂症和抑郁症兼而有之。他们的情绪紊乱症是有创伤的童年和丧失亲人这种环境造成的，还是父母的遗传，尚不清楚，但人们赞同环境和遗传因素都起重要作用这一观点。

**温馨提示**

## 成为天才的生理原因

许多人通常认为,天才完全是与生俱来的。而卡尔威特认为:对于孩子来说,最重要的是教育而不是天赋,孩子成为天才还是庸才,不是取决于天赋多少,而是取决于出生后五六岁的教育。对孩子的教育必须同孩子的智力曙光同时开始。当然,如果我们不能就天才生来与常人的差异及原因找到满意的答案,以上解释几乎毫无意义。心理学家们总爱批驳人民大众的观点,连他们关于天才的说法当然也不能幸免。不幸的是,心理学专家们也有他们自己的一种神话,即天才完全是环境的产物。他们认为早年开始进行适当的强化训练会造就出与神童、特才者以及成年创造者一样高水准的天才。

日本小提琴家、音乐教育家铃木镇一于1944年创立了铃木音乐教学法。他认为:"只要培养得法,每个儿童都具有学好音乐的天赋条件。音乐才能不是与生俱来的。"普通儿童经过铃木法的训练,获得的娴熟表演技能表明,所有儿

## 第四章 天才与智商

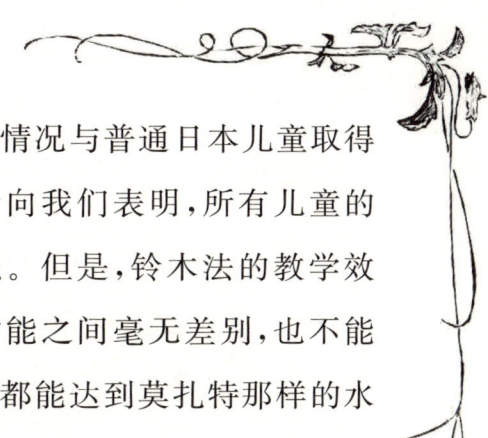

童都具备相当的音乐能力。这种情况与普通日本儿童取得的优良学业成绩如出一辙。后者向我们表明,所有儿童的学业能力可能都比我们预料的强。但是,铃木法的教学效果并不能说明儿童先天的音乐才能之间毫无差别,也不能说明所有的儿童经过适当的训练都能达到莫扎特那样的水平。坚持认为所有成绩的取得完全取决于后天的适当训练势必倒退到行为主义的老路上去。行为主义在20世纪上半叶曾一度盛行于心理学界,现在已是明日黄花。不过,天才的环境决定论目前在热衷于学习过程研究的实验心理学家那里正在打开市场。

芝加哥大学的本杰明·布卢姆教授调查研究了一批杰出运动员、演员、艺术家和科学家的生平。结果发现,调查范围内的每一个人都至少需要经过10年无比艰辛的努力才能获得国际上的承认。他发现,他的研究对象几乎无一例外地得益于积极有助的环境才获得娴熟的技能。他们必须经过长期严格的训练,先是由充满温情和爱心的教师,然后是要求高、管束严的专业教师。

但是,透过对这些人才青少年时期的描述不难发现,很小的时候,在参加大量训练(如果他们确曾参加过的话)之前,他们就表现不凡。音乐家回忆说,他们年少时的确对钢琴掌握得快,因而父母和老师才确认他们有特殊的才能。雕塑家回忆说,他们年少时耽于绘画,并且通常采用写实主义笔法,他们还特别喜欢用自己的双手修修钉钉。数学家回忆说,他们童年时就对齿轮、阀门、量具和刻度盘之类特别着迷。他们常被周围的人誉为"聪颖过人"的儿童。许多被调查者都承认在自己所选择的领域掌握知识快,而上学时学其他方面的知识则没有那么快。《寻找博比·费希尔:一个国际象棋神童的真实故事》这本书就描述了这种情况。此书后来被搬上了银幕。书中的神童乔希·魏茨金看过几次下棋后,与人初试身手就创立了一种复杂的战术。他同时用好几枚棋子联合出击。这一着数从未有人教过他。当然,他后来又经过长期的训练,但起步就出手不凡。这样的事例说明艰苦训练对于获得娴熟的技能是必要的,但不足以构成天才的全部。

佛罗里达大学的一名心理学教授为我们提供了环境决定论天才观的又一例证。他发现,在钢琴、小提琴、国际象棋、桥牌和体育诸方面取得的成就与在该方面的刻意训练息息相关。谁愿意在困难面前永不退缩,以期达到完美的境界,谁就可能达到高水平。埃里克松还发现,在音乐、芭蕾和国际象棋方面,接触该领域越早,进行该方面的专门训

## 第四章 天才与智商

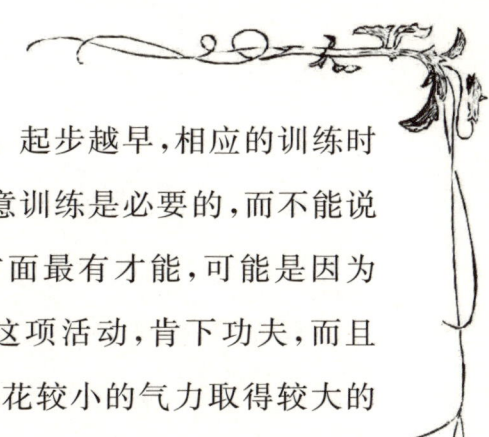

练越早,在该方面的成就就越高。起步越早,相应的训练时间就越长。但是,这只能说明刻意训练是必要的,而不能说刻意训练等于成功。孩子在哪方面最有才能,可能是因为他们最钟爱某项活动,早年就搞这项活动,肯下功夫,而且能从中获得最大收益。只有当你花较小的气力取得较大的进步时,你才乐意在这方面下功夫。相反,如果你感到举步维艰,你是不会在该项活动中耗费精力的。一般儿童一连数小时泡在钢琴上或整天沉浸在数学或绘画的世界里是不可能的。只有像我刚提到过的魏茨金这样的儿童才能废寝忘食地进行某项活动。他们那样锲而不舍的执拗劲头再有幸加上高超的才能最终将取得辉煌的成就。

当然,经常性的训练有助于技能的提高,也可以成就天才。心理学家霍华德·格鲁伯曾经对达尔文、皮亚杰等有建树的成年人进行过研究。用他的话说,"练习虽不是一切,但的确是无处不在"。如果想在某项活动中下大功夫,愿意进行长时间的练习与探索的欲望是内在的,而不是外在的。当一个孩子具备很高的天赋,父母又肯积极鼓励帮助并创造条件时,内在的动力就可以表现出来。这种极强烈的掌握欲是天才必然会呈现出的一种特征。

因此,尽管布卢姆和埃里克松等研究人员证明艰苦训练明显具有重要性,但他们的发现不能排除天赋能力的作用。没有天赋仅靠刻苦努力成才的例子不过凤毛麟角。美术界出版过一名儿童的系列作品。他叫查尔斯,喜欢绘画,并经常练习,但他并未取得什么成就。查尔斯从 2 岁到 11 岁画了 2000 余幅以火车为题材的画,其中大部分为 7 岁到 9 岁画的。从年龄上来说,他画的画显然超前于他年龄两至三年。他虽然取得了一些进步,但没有达到埃坦或彼得的水平。的确,他的构图更复杂,画风写实性强,画技颇具分寸。但 4 岁后,他的画几乎没有什么进展,11 岁时,他的画简直还是概图,既不像埃坦那样用透视法,也不像彼得那样能捕捉住运动中物体的轮廓。

在当代中国,城市小学或学龄前儿童中不乏缺乏天赋且勤奋用功的例子。中国儿童从 3 岁进幼儿园就明确规定要练习画画。从 6 岁起孩子们要天天临帖练习书法。幼儿园的教师悉心指导,按部就班地教他们中国国画的各种构图。他们学习以猴子、竹子、金鱼、小虾、小鸡、公鸡等为素材作图绘画。教师准确地教给他们该画哪条线,运笔方向及运笔顺序。开始时采用临摹的办法,然后走出摹本,到生活中去寻找素材。在西方,普通儿童在绘画方面实际上得不到什么指导。他们只是得到绘画材料,自己去摸索,去实

## 第四章 天才与智商

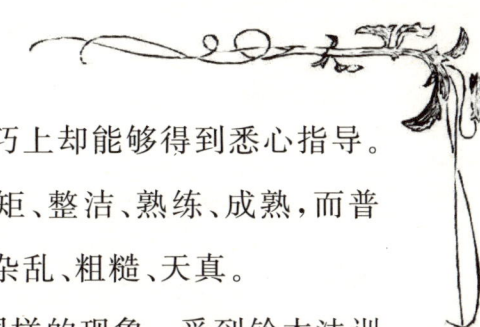

践。在中国,普通儿童在绘画技巧上却能够得到悉心指导。因此,普通中国儿童的画显得规矩、整洁、熟练、成熟,而普通西方儿童的作品看起来自由、杂乱、粗糙、天真。

在音乐方面,我们可以发现同样的现象。受到铃木法训练的普通日本儿童很小的时候即学习小提琴,并且天天练习。他们的演奏严谨,规矩,节奏分明,看上去都是音乐神童。

尽管中国画童和用铃木法训练出的小提琴手看上去都技艺高超,但与我前文描述过的儿童有着本质的区别。我所描述的儿童不仅爱画画、演奏或解数学题,而且坚持不懈。他们在自己的领域无须受什么悉心指导。中国普通儿童尽管在绘画上表现出娴熟的技能,但绝不能与王亚妮这样的神童等量齐观。同样,用铃木法训练出的小提琴手也不能和梅纽因或日本小提琴天才美登利相提并论。王亚妮的技能和创造力远远超出了普通中国儿童。美登利在演奏技能和创造力方面与铃木法训练出来的小提琴手相比也卓尔不群。

总之,心理学家所认为的神童是后天造就的神话是站不住脚的,仅有后天的努力是不够的。智力早熟儿童不是单靠下苦功夫。他们的勤奋与普通儿童的用功有着本质的区别。普通儿童是绝不会自觉地整天埋头于绘画、国际象棋或数学上,即便会,如在中国和日本,甚至在有指导的情况下,他们也达不到智力早熟儿童的水平。

那么,如何评价人民大众关于天才是天生的这一观点呢?这一观点若走向极端肯定也是错误的。天才不完全取决于生理状况。父母是否投入,教育是否得法,学习是否努力都是关系到天才是得到发展还是被葬送的决定性因素。这一点后面还将谈及。不过,有相当的证据表明,好的生理基础,特别是大脑状况,对天才的发展至关重要。

**相关链接**

## 天才儿童成年后会怎样

天才儿童成年后一定会成为杰出人才吗?历史上,许多名人杰士和创造者在童年就表现出非凡才能,这一事实强化了神童定有光明前程的神话。然而,我们忘记了这一事实并不意味着相反的情况不能成立,即超常儿童不一定会变成成年的创造者。大部分天赋从未得到充分开发。许多天才儿童被中途毁掉了。在探究儿童时期的天赋与成人创造力之间的联系时,一个重要的困难就是,我们对许多停止能力发展的天才儿童的资料掌握得太少。

## 第四章 天才与智商

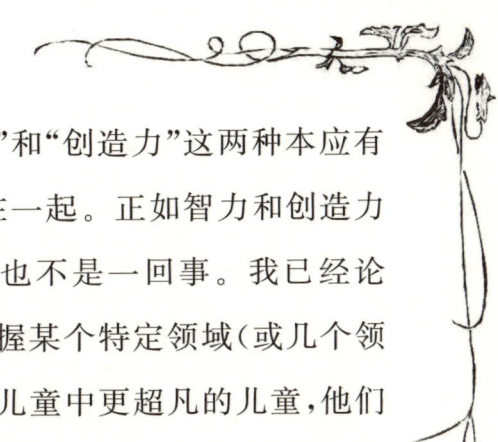

而更为糟糕的问题是"天才"和"创造力"这两种本应有明确区别的概念却经常被夹杂在一起。正如智力和创造力并非一回事一样,天才与创造力也不是一回事。我已经论证了,天才儿童是生来就具有掌握某个特定领域(或几个领域)的能力的儿童。神童是天才儿童中更超凡的儿童,他们在孩童时期的表现就已达到了成人的水平。这些儿童的创造性往往是一种"小创造性"——也就是说,他们在成人最小限度的帮助下,独立地发现自己领域中的规律和技巧,并且常常提出不同寻常的解决问题的策略。尽管从这个意义上说儿童可以具有创造性,但他们很少具有"大创造性"。这里我是指发展、变更甚至重造一个领域。如果是儿童变革了一些领域,那只可能是因为有一个与该领域相关的成人认识到了儿童工作中一些有价值的东西并受到了启发。这就如同20世纪的艺术家受儿童艺术以及其他"外行"如原始艺术家和精神分裂艺术家的影响一样。

下面我将详细阐述儿童时期的天赋或神童的天才与成年人的创造力之间的四种可能的关系。

### (一)夭折的天才

一些从小被称为天才的孩子,如西季斯就是对自己颇具天赋的领域丧失了兴趣,要么悲惨地夭折(如西季斯),要么转向其他兴趣。尽管有大量出版物报道了各个领域——数学、象棋、写作、艺术、音乐、体育等中的类似的"失败",但肯定还有无数这样的儿童已逐渐被人遗忘。这些失败的例子表明,我们应该把保护神童们在当初使我们眼花缭乱的领域中坚持发展下去当作对神童们自身以及对社会的某种义务。

对这些中途夭折的天才的事例很容易产生就事论事式的解释。我们推理,半途而废的儿童,肯定是被催逼得太紧或是鼓励得太少,或者是他们对其他领域产生了兴趣。有谁能预料到威纳会继续在计算机领域中发明创造,而西季斯却干着低水平的工作并怀着对数学的憎恨终了一生?两个孩子都被他们的父亲严厉地督促着,这两位父亲都是哈佛大学的教授而且彼此是朋友。同样,有谁能预料到欧文·尼瑞吉哈泽退出音乐界50年之久,在生命行将结束时又重返乐坛,而马友友却成为他那一代人中最伟大的大提琴家?两人有着同样辉煌的开始和同样意志坚定的父母。将一个神童塑造成一位成年创造者的相互作用的因素太多了,以致我们无法预测哪些人会最终步入伟人的殿堂。

第四章 天才与智商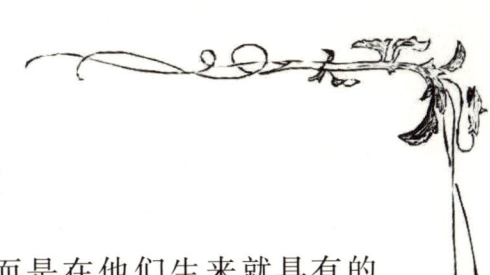

## （二）成为某一领域的专家

有些天才并没有中途夭折，而是在他们生来就具有的天赋的那一领域中成为知名专家。专业知识不是创造力。专家能在一个既定领域做出辉煌成绩，但却无力改变这个领域。有些音乐神童成为乐队的第一小提琴手，还有高智商儿童成为有成就的律师、医生和教授。刘易斯·特曼所研究的儿童大都明显可归于此类。这些儿童在成人后，与那些从小没有被认作天才而长大后同样有成就的人并无很大的区别。

当然，也有一少部分天才长大后在自己的那一领域成为一名创造者。这些人肯定出生在时代精神适宜的时期——即一个领域已为创造者所设想的那种变革做好准备，而且，一个领域只能改变成这样，因而它只能容纳极少数的创造者。因此，决定谁将成为创造者的因素不仅包括当事人的素质，还包括历史和文化因素。

## （三）从专家到创造者的过程

也有少数天才从某个领域的天才儿童或神童成长为他所有的特殊天赋的领域的创造者，莫扎特和毕加索就是这种类型。走这条道路的人，必定要从一个既定领域中的专家转变为打破这一领域并重新塑造它使之永远改变的人。遵循这条路线不仅要具有很早期的能力，还要有叛逆的性格和打破现状的渴望。

## （四）大器晚成

有些儿童幼年时没有表现出他在某一领域的天才倾向，而在青年时却发现了自己可以有所建树的领域，并继而发展成为这个领域中名副其实的创造者。达尔文就是这种大器晚成者，还有作曲家伊戈尔·斯特拉文斯基和安东·布鲁克纳。大器晚成者在孩童时当然并不普通，他们表现出不寻常的兴趣和强烈的好奇心，但没人能从这种儿童身上就判断出他们长大后会怎样。这些孩子往往是在大学里发现属于自己的领域的，在那里他们第一次接触到这一领域。然后他们起飞了，看起来很像在儿童时期就发现了自己领域的神童们。这些人普遍是完全靠自己掌握了他们的领域，不愿服从大学课程安排的要求，甚至辍学。例如，微软公司的创立人比尔·盖茨，波拉罗埃德公司的创立人埃德温·兰德，还有未来学家和发明家巴克米斯特·富勒。

## 第四章　天才与智商

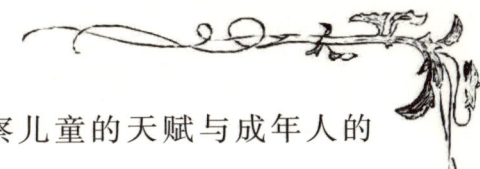

我们可以从两种途径来考察儿童的天赋与成年人的创造力之间的联系。

我们可以从成年创造者入手。从他们作为成年人的表现，以及我们掌握的有关他们童年的情况，我们可以得出一些预测成年时创造力的认知因素和个性因素。这种追溯式的方法显然存在一个缺陷，不能使我们了解那些开始可能是天才儿童而最终并没有成为有创造力的成年人的情况。

我们也可以对天才儿童进行纵向跟踪。这是一种较为困难而且较费时间的方法，我们只做了少量此种研究。这些研究是有益的，因为我们能够由此概括出那些在成年后具有创造力的儿童与在几年后不具有创造力的儿童之间的区别。

没有一种因素在预测成年创造力时显得是必不可少的或是足够的，而且这涉及许多因素，有些因素又以我们没有完全理解的方式相互作用着。所以要预测任何一个天才儿童未来发展的轨迹是不可能的，正如不可能断定任何儿童将来的兴趣所在和职业选择一样。然而，这项事业并非渺无希望。我们有一定把握可以说出哪些因素大概会在把天才儿童引导到成年创造者的公式中起作用。我们还有同样的把握说出哪些因素本身所起的作用微乎其微或者根本不起作用。我们已经确知的一件事是,在达到一定程度之后,能力的高低相对于个性和动机因素来说,发挥着较为次要的作用。

## 格言小语

才能存在于悟性之中,它常常可以由遗传获得;天才把理性和想象力变成行动,很少,以至根本没有遗传的可能。

——柯尔律治